JN050768

BERTによる自然言語処理入門

Transformersを使った実践プログラミング

ストックマーク株式会社 編

近江崇宏・金田健太郎・森長誠・江間見亜利 共著

著者略歴

近江　崇宏（おおみ　たかひろ）
ストックマーク株式会社にて自然言語処理の研究開発に従事。2012 年に京都大学大学院理学研究科博士課程修了。博士（理学）。その後は、2020 年まで東京大学生産技術研究所（最終職位：特任准教授）にて時系列解析を中心とする統計学・機械学習の研究に従事。2020 年 4 月より現職。主な著書として『点過程の時系列解析』（共立出版）がある。

金田　健太郎（かなだ　けんたろう）
ストックマーク株式会社にて自然言語処理の研究開発・アプリケーション開発に従事。2018 年に早稲田大学理工学術院基幹理工学研究科修了。修士（工学）。専攻は自然言語処理。ゲーム会社にてサーバサイドエンジニアに従事した後、2019 年 9 月より現職。Kaggle Expert。

森長　誠（もりなが　まこと）
ストックマーク株式会社にて自然言語処理の研究開発に従事。2010 年に北海道大学大学院情報科学研究科修士課程修了。修士（情報科学）。その後は、2018 年まで日鉄ソリューションズにて官公庁向けのインフラ及びミドルウェア構築案件を担当。2019 年 1 月より現職。現職では、Deep Learning 技術を中心にアルゴリズムの検証・実装・モデル化を担当。

江間見　亜利（えまみ　あり）
ストックマーク株式会社にて自然言語処理の研究開発に従事。2018 年に東京大学大学院工学系研究科博士課程修了。博士（工学）。その後は、Yahoo! JAPAN グループのシナジーマーケティング株式会社に入社して、人工知能を中心とする研究に従事。2020 年 4 月より現職。

Preface

この 10 年で深層学習の研究が大きく進みました。その結果、大量のデータを用いて学習されたニューラルネットワークが、ドメイン独自の知識をもとに開発されてきた手法を著しく上回る性能を発揮し、さらには人間と同等かそれ以上のパフォーマンスを示すという、まさに「革命」とも呼ぶべきできごとがさまざまな領域で起きました。このことは学術界だけでなく、一般社会にも大きなインパクトを与えました。

自然言語処理の領域もその例外ではありません。自然言語処理の領域でブレイクスルーとなったのは、BERT と呼ばれる 2018 年に Google が開発したモデルです。BERT は GLUE という英語の言語理解を評価するタスクにおいて、当時の最先端のモデルを大きく上回るスコアを記録しました。その後も BERT を改良したモデルがいくつも提案され、いくつかのモデルは GLUE で人間のスコアを上回るに至りました。また、GPT-3 と呼ばれる、人間と比べても遜色のない文章を生成できるようなモデルも登場しています。現在でも熾烈な開発競争が続いており、毎日新しいモデルが多く提案されています。

BERT は今や標準的なモデルとしての地位を確立しています。さらに、BERT は比較的少数のデータからでも高い性能を示すことが知られており、応用上もとても有用です。また、BERT は一般には複雑なモデルと認識されますが、最近は BERT を扱うためのライブラリが整備されてきたこともあり、比較的容易に利用できるようになってきています。そのため、今後ますます、さまざまな実務やサービスで BERT が用いられるようになることが期待されます。

本書は、このように自然言語処理の最近の発展に大きな役割を果たし、かつ応用上も有用な BERT を用いた自然言語処理の入門書です。対象としては、自然言語処理に興味のある学部生や、これから実務において自然言語処理を行おうとする技術者などを想定しています。まず、この分野にあまり馴染みのない読者のために、BERT に至るまでの背景や、BERT の詳細について解説します。その後に、いくつかの言語タスクを例に、BERT を用いてどのようにタスクを解くのかということを、実際のコード例を示しつつ解説します。具体的には、文書の穴埋め、文章分類、固有表現抽出、文章校正、類似文章検索、データの可視化に取り組みます。そして、データセットの処理から、ファインチューニング（BERT を特定の言語タスクに特化させるための学習）、性能の評価までの一連の流れを体験することで、BERT でどのようなことができるのかを理解し、BERT を自分で使えるようになることを目標とします。

本書ではコーディングに Python を使い、深層学習のフレームワークとして PyTorch を使います。そして、BERT で処理を行うためのライブラリとして Transformers を、学習や性能評価を効率的に行うためのライブラリとして PyTorch Lightning を用います。とくに Transformers は、深層学習の言語モデルを扱ううえでよく用いられるライブラリであり、これにより BERT の処理が容易に行えるようになります。本書では Transformers や PyTorch Lightning を用いたことがない読者を想定して、その使い方を一から体系的かつ丁寧に解説します。

計算環境としては Google Colaboratory を用いますので、各自で新たに環境を用意する必要はありません。また、本書に載っているコードは下の GitHub レポジトリにすべて公開しています。本書の訂正などもこのレポジトリに反映される予定です。

- https://github.com/stockmarkteam/bert-book

また、本書で扱う言語タスクのデータセットは、すべて日本語に統一しました。日本語のデータセットは英語のデータセットに比べると数が少なく、日本語で書かれた書籍やインターネット上の解説でも英語のデータセットが用いられることが少なくありません。しかしながら、多くの日本人にとっては、日本語のデータセットを扱うほうが、自分が行っていることに対してイメージがつきやすいように思えます。また、言語タスクを扱ううえで日本語特有の問題もあり、実際に実務などで日本語の自然言語処理を行う際には、そのような問題にも対応しなければなりません。このような理由から、本書では日本語のデータセットのみを用いました。

本書の執筆にあたっては、近江が全体の編集と第 3、4、5、6、8、10 章を、金田が第 1、2 章を、森長が第 9 章を、江間見が第 7 章を担当しました。また、本書では東北大学の乾研究室が公開している「BERT の日本語の事前学習モデル」、株式会社ロンウイットが公開している「livedoor ニュースコーパス」、TIS 株式会社が公開している「chABSA-dataset」、ストックマーク株式会社の公開している「Wikipedia を用いた日本語の固有表現抽出データセット」、京都大学の黒橋・褚・村脇研究室の公開している「日本語 Wikipedia 入力誤りデータセット」を利用させていただきました。この場を借りて、お礼申し上げます。最後になりますが、本書が読者の皆様になんらかの形でお役に立てば、望外の喜びです。

2021 年 6 月

著者一同

Contents

第1章

はじめに

本書では、BERTという機械学習のモデルを用いて、自然言語処理のタスクを解いていきます。その内容への理解を深めるために、本章では、自然言語処理や機械学習、そしてBERTについて簡単に解説します。

第1章の目標

- **自然言語処理や機械学習のイメージを掴む。**
- **BERTのイメージを掴む。**

1-1 自然言語処理とは

私たちはコミュニケーションを行ったり、文章を書いたりするときに言語を使います。このように私たちが日常生活で用いる言語は**自然言語**と呼ばれます。たとえば、日本語、英語などがこれに当たります。一方、プログラミング言語も「言語」という名前が付いていますが、特定の用途のためだけに人工的に作られた言語は**人工言語**と呼ばれ、自然言語とは区別されます。**自然言語処理**（Natural Language Processing : NLP）とは、文字どおり、自然言語の関わる問題をコンピュータで解くことを指します。

自然言語処理で扱う問題（**タスク**）は、言語の持つ意味や構造を扱う基礎的なものから、人間の行動を模倣・代替するような応用的なものまで幅広く存在しています。本書で取り扱う問題は、おおむね基礎から簡単な応用に位置します。ここでは本書で扱うトピックのみを紹介します。自然言語処理一般については［1］などを参考にしてください。

- **形態素解析**
  形態素解析は、文章を単語に分割し、それぞれの単語の品詞や活用形を判定する処理です。2.1節で詳しく解説します。
- **言語モデル**
  言語モデルは、文章の自然さを確率によって表現する数理モデルです。第2章で詳しく解説します。
- **固有表現抽出**
  固有表現抽出は、文章から人名や組織名などの固有名詞や日付や数値表現を抽出する処理です。第8章で扱います。
- **文章の類似度比較**
  類似度比較は、文章間の内容（意味）の類似度を定量的に評価するタスクです。第2章と第10章で扱います。

ここまでが自然言語処理の基礎的な技術で、以降の三つは応用的な技術です。

- **文章分類**
  文章分類は、文章を与えられたカテゴリーに分類するタスクです。典型的なものとして、文章の内容がネガティブかポジティブかを判定するネガポジ判定があります。第6章と第7章で扱います。
- **文章生成**
  文章生成は、与えられた文章に続く文章、または与えられた条件を満たす文章を生成するようなタスクです。第5章で一部扱います。
- **文章校正**
  文章校正は、文中の表記ミスを修正するタスクです。第9章で扱います。

1-2　機械学習とは

機械学習とは、大量のデータを用いて、モデルにデータのパターンを学習させ、なんらかの問題を解くような方法を指します。機械学習には**学習**と**推論**の二つの過程があります。たとえば、**教師あり学習**と呼ばれる方法では、まず入力データとそれに対する正解のデータ（ラベル）を合わせた**ラベル付きデータ**を大量に用意し、それを用いて望ましい入出力関係をモデルに学習させます（**学習**）。そして、新たな入力データに対して、学習済みのモデルを用いてラベル（正解）を予測することで、実際に問題を解きます（**推論**）。

機械学習では、以下のような流れでデータを処理し、問題を解きます。

- データからタスクを解くのに有用な特徴量を抽出する。
- 抽出した特徴をモデルに入力し、その出力から問題を解く。

一つめの段階は、いわゆる**特徴量抽出**と呼ばれるものです。機械学習で問題を解く際には、多くの場合に、まずデータになんらかの処理を行います。具体的には、おもに以下のような処理を加えます。

1. データをモデルに入力可能な形式にすることを目的として、数値として表現されていないデータを数値に変換する。
2. 最終的なモデルの性能の向上を目的として、数値データに対して「データのなかから重要な変数を選ぶ」「データの統計量を計算する」「データの次元を圧縮する」などのなんらかの処理を行う。

これらの処理の結果得られるものは、データを特徴付けているという意味で**特徴量**と呼びます。二つめの段階では、ここで抽出された特徴量を、問題に応じて構築された回帰や分類のモデルに入力し、モデルの出力から考えている問題を解きます。

一般に特徴量抽出は、最終的なモデルの性能に大きな影響を与えます。そのため問題を正しく解くためには、適切な特徴が抽出されなくてはなりません。多くの場合、この特徴量抽出は人の手により設計されてきました。その一方で、自然言語や画像などのデータでは人の手により適切な特徴量を設計するのが難しいという問題があります。また、モデルの最終的な性能が特徴量抽出を行う人の能力や経験に大きく依存してしまうという問題もあります。

一方、近年大きな発展を遂げた**深層学習**では、特徴量抽出とその後のモデルによる処理が一つのモデルで完結する「end-to-end」と呼ばれる形態をとっており、そのなかで特徴量は自動的に抽出されるようになっています*1。どのような特徴を用いれば問題をより正確に解けるかということは、大量のデータから学習します。また、有用な特徴をデータから学習することを目的とした手法は、データの「表現」を学習するという意味で**表現学習**と呼ばれます。このように、データから自動的かつ適応的に特徴量抽出を設計できるようになったことで、画像処理や自然言語処理のさまざまなタスクでの性能が飛躍的に向上しました。

その一方で、実世界で通用する汎用性の高いモデルを構築するには、一般には膨大な量のデータが必要になります。解きたい問題に応じて、大量のデータを収集し、モデルの学習を行うのには多くのコストがかかります。これが機械学習の課題の一つです。

1-3 機械学習による自然言語処理

本書では、機械学習技術を用いて自然言語処理の問題を解くことになります。そのため、入力は文章に限定されます。よって、ここでの処理の流れは次のようになります。

1. 文章からタスクを解くのに有用な特徴量を抽出する。
2. 抽出した特徴をモデルに入力し、問題を解く。

文章は単なる記号の列ではなく、意味を内在しています。文章が持つ意味を考慮して、そこから特徴量抽出を行う方法を人の手で設計するのは非常に困難です。以降の章では、BERTを含め、自然言語処理の問題を解くニューラルネットワークのモデルである**ニューラル言語モデル**について解説していきます。ニューラル言語モデルを用いることにより、文章からの特徴量抽出を自動的に行えるようになります。

ニューラル言語モデルの特徴の一つは、文章や単語を「密なベクトル」に変換できるということです*2。文章や単語を密なベクトルとして表現したものは**分散表現**と呼ばれます。ニューラル言語モデルから得られる分散表現はなんらかの形で単語や文章の意味を反映していると考えられています。そのため、ニューラル言語モデルから得られる分散表現はデータの有用な特徴量として用いることができ、さまざまな自然言語処理のタスクで、その有用性が確かめられています。

---

*1　実際には、ニューラルネットワークのうちどの部分が特徴抽出器で、どの部分がその後の処理のためのモデルなのかの区別はありません。
*2　密なベクトルとは、ほとんどの要素がゼロではない値をとるベクトルのことを言います。

文章や単語をベクトルに変換できることには、大きなメリットがあります。自然言語処理の多くのタスクは分類問題として扱うことができます。そのため、まずニューラル言語モデルで文章や単語の分散表現を得て、それを分類のためのモデルに入力することで、自然言語処理のタスクを解くことができます。このような意味で、ニューラル言語モデルはタスクにおいて特徴抽出器としての役割を果たしていると捉えることができます。

また、文章や単語がベクトルとして表現されていることで、文章間または単語間の類似性をベクトル空間上で定量的に評価するといったことも可能になります。これらのことは第2章で詳しく扱います。

1-4 BERTとは

BERTについては第3章で詳しく解説を行いますが、本節ではBERTの特徴について簡単に解説します。BERTは2018年にGoogleから発表されたニューラル言語モデルであり、さまざまな言語タスクで当時の最先端のモデルの性能を大きく上回る性能を示しました [2]。

BERTの特徴の一つは、文脈を考慮した分散表現を生成できることです。たとえば、BERTから得られる単語の分散表現は、同じ単語でも文脈（周りの文章）が変わると、それに応じて異なる値をとります。このように文脈を考慮した分散表現を生成することは既存のモデルでも行われていましたが、BERTでは**Attention**という手法により、離れた位置にある情報も適切に取り入れることができるという特徴があります。この性質により、BERTは文脈を深く考慮したような処理が可能になり、多くの言語タスクで性能が大きく向上しました。

次にBERTの学習についてですが、BERTには**事前学習**と**ファインチューニング**と呼ばれる二つの学習の過程があります。事前学習では、大量の文章のデータを用いて汎用的な言語のパターンを学習します。たとえば、本書では東北大学の研究グループによって事前学習が行われたBERTを用いてさまざまな言語タスクを扱いますが、事前学習には日本語のWikipediaのすべての記事のデータが使われています。大量のデータを用いて事前学習を行うことにより、データを適切に表現するような「良い」特徴を抽出できるようになります。

ファインチューニングでは、比較的少数のラベル付きデータを用いて、BERTを特定のタスクに特化するように学習します。このためにまずは、BERTと分類器などを組み合わせることで、個別のタスクに特化したモデルを構築します。このとき、BERTには事前学習を行ったモデルを用います。そして、ラベル付きデータを用いてBERTと分類器の両方の学習を行います。この学習をファインチューニングと呼びます。

ファインチューニングにより、BERTが抽出する特徴も問題に合わせて調整されます。事前学習が行われたBERTは言語の特徴をよく捉えた良い特徴抽出器として機能するため、ファインチューニングにおいてBERTのパラメータは大きく変える必要がありません[*3]。そのため比較的少数のデータからでも、個別のタスクで高い性能を発揮するモデルを得ることができます。

このことは、次のような例えで直感的に理解できるでしょう。ここでは、文章中に地名が現れたら丸で囲むというタスクを、日本人が解く場合を考えます。もし文章が日本語で書かれているのならば、いくつかの文章とその解答例を提示されれば、問題の意図を汲み取り、そこから問題を正しく解くことができます。これは私たち日本人が日本語を理解しているからに他なりません。しかし、文章がアラビア語で書かれていたらどうでしょう。問題の意図を理解するためには、アラビア語の文法を学んだり、辞書を引いたりと膨大の時間がかかることでしょう。それと同じように、BERTも大量のデータで事前学習することにより、なんらかの意味で言語を「理解」できるようになり、その結果として個別のタスクでは比較的少数のデータから問題を解けるようになるのです。

このように、事前学習には大量のデータが必要なものの、一度行ってしまえば、その事前学習済みのBERTはさまざまなタスクで用いることができます。実際、本書でも東北大学の研究チームが日本語で事前学習を行ったBERTを用いて、さまざまな言語タスクに取り組みます。また、さまざまな研究チームが日本語の事前学習済みモデルを公開しており、必要に応じてそのなかから適切なモデルを選ぶこともできます。事前学習モデルを使えば、比較的少数のデータから個別のタスクに特化したモデルを作成できるという点で、BERTは実社会への応用に適したモデルである、と言えるかもしれません。

1-5 本書の流れ

まず第2章では、日本語の自然言語処理に欠かせない文章のトークン化や前処理について解説するとともに、BERTに至るまでのニューラル言語モデルの背景を解説します。その後、第3章ではBERTについて詳しく解説します。第4章～第10章は、BERTを用いてどのように言語タスクを解くかを解説するとともに、実際にPythonでコードを書き、学習データからBERTをファインチューニングし、言語タスクを解いていきます。第5章は文章の穴埋め、第6、7章では文章分類、第8章では固有表現抽出、第9章では文章校正、第10章ではデータの可視化や類似文章検索を扱います。ここでは、BERTの実装としてTransformersというライブラリを使います。

第1章の参考文献

[1]黒橋禎夫「自然言語処理（改訂版）」放送大学教育振興会、2019。

[2]Jacob Devlin, Ming-Wei Chang, Kenton Lee, & Kristina Toutanova. "BERT : Pre-training of Deep Bidirectional Transformers for Language Understanding", NAACL-HLT, 2019.

*3　事前学習していないモデルを用いる場合との比較の話です。

第2章

ニューラルネットワークを用いた自然言語処理

本章では、BERTを理解するのに必要な、ニューラルネットワークを用いた自然言語処理の基礎的な知識を解説します。文章をニューラルネットワークに入力する際には、いくつかの前処理が行われます。なかでも重要なのは、文を適当な単位に分割する**トークン化**と呼ばれる処理です。2.1節では、トークン化について解説します。次の2.2節では、表現学習の観点から**ニューラル言語モデル**について解説します。2.3節および2.4節では、BERTというモデルが生まれた経緯を理解するため、昨今提案されたモデルのなかでも代表的なWord2VecとELMoについて解説します。

・第2章の目標

- **ニューラルネットワークへの入力作成のための前処理過程を理解する。**
- **ニューラルネットワークを用いた言語モデルを理解する。**
- **Word2VecやELMoを通じ単語の分散表現や文脈を考慮した分散表現の概念を理解する。**

2-1　トークン化と前処理

トークン化とは、文を適当な単位に分割することを指します。これを実現するツールを**トークナイザ**と呼びます。また分割によって得られた文の構成要素を**トークン**と呼びます。以降では、ニューラルネットワークの入力作成（前処理）に対する理解を目的として、トークン化の方法論について整理を行います。

その前提として、まずは適当なトークン化によって得られたトークンが、ニューラルネットワークへの入力に変換される様子を説明します。これは次のような手順で行われます。

- 事前に適当な方法で入力として扱いたいトークンの集合（**語彙**）を作成し、これに含まれる各トークンに対して順番にIDを割り当てておく。
- 渡されたトークンを語彙に従いIDに変換する。

このような入力を与えるに際し、いくつかの問題を考慮する必要があります。まずニューラルネットワークを構築する際、入力として受け入れることができる語彙は固定されています。ここに含まれないトークンは未知語と呼ばれ、未知語は無視されるか、未知語を表す特定のIDにマッピングされます。これによりもとの文字列の情報が失われてしまうため、トークン化を行う際は、「未知語が可能なかぎり少なくなること」が望まれます。

これを単純に解決する方法として、語彙数を可能なかぎり増やすことが考えられます。しかし、増やした語彙に応じてニューラルネットワークのパラメータ数も増えることとなり、学習における計算量が増加してしまいます。そのため未知語への対応と計算量のバランスがとれた方法でトークン化を行う必要があります

ここで挙げられた背景を踏まえたうえで、以降では次の三つの分割方法について説明します。

- 単語単位で分割する（単語分割）
- 文字単位で分割する（文字分割）
- 単語単位で分割したあとにサブワード単位で分割する（サブワード分割）

1 単語分割

単語分割は、文章を意味の最小単位である単語に分割する方法です。人間の解釈する分割境界を反映した直観的な手法と言えます。しかし未知語へ対処するには語彙数を増やす必要があり、語彙数を増やせば学習における計算量が増える、というトレードオフの関係をはらんでいます。

なお、英語のように単語が空白で区切られている場合には、単語分割は容易に行えます。その一方で、日本語のように単語の区切りが明確でない文章においては、それ専用のシステムを用意する必要があります。

日本語の単語分割を行うシステムとしては、MeCabやSudachi、Jumanなどの**形態素解析ツール**が広く利用されています。形態素解析ツールは、文を分割するだけでなく、得られた形態素（≒単語）に対し品詞や活用における基本形などの**統語的情報**を付与します。これらの情報は自然言語処理のタスクを解くうえで特徴として利用することが可能ですが、ニューラルネットワークの入力作成においては、単に単語分割機能のみを利用することになります。ちなみに、これらのツールは、分割境界や品詞タグが人手で付与された**注釈付きコーパス**[*1]を利用することで構築されています。なお、日本語形態素解析の理論については［1］に詳しく記載されています。

2 文字分割

文字分割は、文章を1文字ごとに分割する方法です。この場合、語彙は非常に小さくなります。たとえば英数字のみを扱う場合、語彙のサイズはたかだか数十程度に収まります。またこの設定において、未知語とは未知の文字を指すことになりますが、これが現れることは極めて稀であることが直観的に理解できます。

このように書くと良いことづくめのようにも思えますが、問題もあります。まず、文を文字単位で分割する場合、トークンの数が単語単位で分割する場合に比してはるかに大きくなるため、それに応じてニューラルネットワークの計算量も増えてしまいます。また、それぞれの文字は具体的な意味に紐付かないため、ニューラルネットワークは文字の系列が持つ意味を考慮する必要があります。しかし文字の系列は、たった一つの違いで意味が別物に変わってしまうため、単純ではありません。たとえば、("c", "a", "r") という文字の系列は「車」を意味しますが、ここに "d" が増えただけで「カード」になってしまいます。

---

*1 **コーパス**とは、新聞やネットの記事などの文章や話し言葉を書き起こした文章などを大量に収集し、検索や分析ができるようにしたデータベースのことです。注釈付きコーパスとは、本文で挙げた分割境界や品詞タグなどの情報を付加したコーパスを指します。

3 サブワード分割

サブワード分割とは、ここでは単語をさらに部分文字列に分割するような方法を言います。このような部分文字列のことを**サブワード**と呼びます。本書で用いる日本語の BERT も、この方法を採用しています。

サブワード分割を行う場合、適切に語彙を選べば、単語分割に比べて少ない語彙数で多くの入力を表現することができます。たとえば、次のような単語の語彙を考えてみましょう。

```
["東京タワー", "京都タワー", "大阪大学"]
```

この語彙では、「東京」「京都」「大阪」「東京大学」「京都大学」「大阪タワー」といった単語は未知語になります。

一方、上の語彙のすべての単語を表現可能なサブワードの語彙として、次のものを考えます。なお、「##」という記号は、単語の途中に現れる要素であることを示します。

```
["東京", "京都", "大阪", "## タワー", "## 大学"]
```

この語彙は、たとえば「大阪」と「## タワー」の組み合わせによって、「大阪タワー」という単語を表現することができ、上で挙げた未知語の他の例もカバーします。このように、サブワード分割は単語分割に比べて未知語に強いという性質があります。

ただし、サブワード分割を効果的なものにするためには、語彙を適切に作成する必要があります。サブワード分割のためにコーパスから語彙を作成するアルゴリズムとして、Byte Pair Encoding（BPE）や WordPiece があります。これらのアルゴリズムは、文章を分割したときのトークン数が平均的に小さくなるように、指定されたサイズの語彙を自動的に作成します。また、トークン化するときには、単語を逐次的に前方から一致する語彙中の最長のトークンで分割していきます。このようにしてサブワード分割により、計算量と未知語への対応のバランスがとれたトークン化が行えるようになります。

2-2 ニューラル言語モデル

ニューラル言語モデルとは、文字どおりニューラルネットワークにより実現される言語モデルを指します。ニューラル言語モデルを学習する過程で得られるトークンの分散表現は、タスク非依存の汎用的な言語的特徴（トークンの意味や、品詞などの統語的情報）を表すとされ、その価値はさまざまなタスクへ応用されることで証明されています。ここではその理解を深めるために、言語モデルとニューラルネットワークのそれぞれについて軽く触れたうえで、ニューラル言語モデルの具体的な構築方法と表現学習との関係性、および表現学習に利用される代表的なモデルであるWord2VecやELMoについて整理します。

1 言語モデル

言語モデルは、文章の出現しやすさを確率によってモデル化します。適切に作成された言語モデルは、以下の例のように、人間がもっともらしい（ありえる）と感じる文章には高い確率を、そうでない文章には低い確率を与えます。

$$p(\text{“私はパンを食べた”}) > p(\text{“私は家を食べた”})$$
$$p(\text{“私はパンを食べた”}) > p(\text{“私にパンを食べた”})$$

最初の例では、意味的に出現しにくいと考えられる「私は家を食べた」に低い確率が与えられることを示しています。次の例では、文法的に出現しにくいと考えられる「私にパンを食べた」に低い確率が与えられることを示しています。

言語モデルは、「文章の自然さを確率によって表現している」と捉えることができます。この観点のもとで、言語モデルは音声認識や機械翻訳、文章誤り訂正など、自然な文章を扱いたい領域で広く応用されています。

ここで文章の出現確率について、もう少し掘り下げてみます。ある文章Sをトークン化したものを$(w_1, w_2, ..., w_n)$で表します。まず、文章Sの出現確率は、以下のようにトークンの同時確率と同値です。

$$p(S) = p(w_1, w_2, ..., w_n).$$

ここで、あるトークンの出現確率が、それ以前に出現したトークンに依存していることは直感的に明らかでしょう。このことから、トークンの同時確率は次のような条件付き確率の積として表すことができます。

$$\begin{aligned} p(w_1, w_2, ..., w_n) &= p(w_1) \times p(w_2|w_1) \times p(w_3|w_1, w_2) \cdots \\ &= \prod_{i=1}^{n} p(w_i|\boldsymbol{c}_i) \end{aligned}$$

ここで$\boldsymbol{c}_i$はw_iを予測する際の前提条件であり、この場合はw_iより前のトークン列$\boldsymbol{c}_i = (w_1, w_2, ..., w_{i-1})$です。この$\boldsymbol{c}_i$を、以降では**文脈**（context）と呼びます。

以上の議論から次が成り立ちます。

$$p(S) = \prod_{i=1}^{n} p(w_i|\boldsymbol{c}_i).$$

つまり、文章の出現確率をモデル化するためには、ある文脈下でのトークン出現確率である$p(w_i|\boldsymbol{c}_i)$をモデル化すればよい、ということがわかります。このことから、「言語モデルは、あ

る文脈下で出現するトークンを予測するモデルである」といった説明がしばしばなされます。

なお、後述するニューラル言語モデルにおいては、文脈の概念が拡張されています。上記の例では w_i 以前に出現したトークンを文脈と置きましたが、逆に w_i 以降に出現するトークンを文脈と見る場合や、文章中の w_i 以外の全トークンを文脈と見る場合もあります。

2 ニューラルネットワーク

ニューラルネットワークは、神経回路網をモデル化する試みに起源を持つ数理モデルです。ニューラルネットワークの研究自体には長い歴史がありますが、この10年ほどで機械学習におけるニューラルネットワークの有用性が広く評価されるようになり、機械学習のめざましい発展に重要な役割を果たしました。ここではニューラルネットワークについて簡単な解説を行います。一般的なニューラルネットワークのチュートリアルとしては[2]などを参考にしてください。

ニューラルネットワークは、なんらかの変換を行う**層**（layer）の組み合わせによって構成されます。本書では、層はなんらかの変換を行うものを表すとし、その出力値とは区別して用います。各層は一般に、入力値に対して、適当な線形変換と、**活性化関数**と呼ばれる非線形変換の合成変換が施された出力値を返します。活性化関数の例としては、図2.1のような関数があります。ただし近年では、単純な線形変換と非線形変換を複数組み合わせて作られる、より複雑な処理単位を層と呼ぶことも往々にしてあります*2。本書では、両者を区別せず層と呼ぶことに注意してください。ニューラルネットワークは、複数の層を組み合わせることにより高い表現能力を示します。

各層で行われる変換は、その層が持つ調整可能な変数（**パラメータ**）に依存します。これらのパラメータが学習の過程で調整されることで、ニューラルネットワークは適切に問題を解くことができるようになります。一方、層の組み合わせ方や各層における入出力値の次元数などは、学

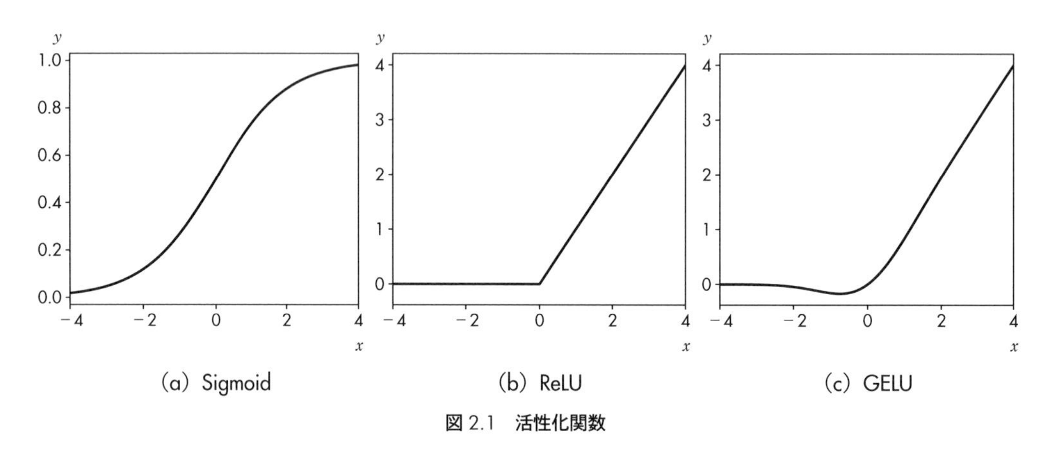

図2.1　活性化関数

*2 第3章で説明するBERTのattentionレイヤーなど。

習過程で変化しません。このような（人手を要する）設定事項を**ハイパーパラメータ**と呼びます。

パラメータを調整する際には、現在のパラメータの「良さ」を表す、定量的な基準が必要になります。この良さは、「そのパラメータを持つニューラルネットワークが表現する入出力関係」と「タスクで獲得したい理想的な入出力関係」を比較することで確認でき、ズレが少なければ少ないほど良いパラメータであると言えます。パラメータを調整するときには、このズレを定量的に表現する関数である**損失関数**を用います。なお、損失関数はパラメータの関数であり、損失を最小化するようにパラメータを調整します。

多クラス分類

以下では、自然言語処理において、どのようにニューラルネットワークを用いるのかを解説します。自然言語処理の多くのタスクは、与えられたデータに対して、与えられた複数のカテゴリーのなかから、そのデータに対応するカテゴリーを決める**分類問題**として扱うことができます。そのため、以下では分類問題を例にして解説を行います。

ここではカテゴリーの数を N、データを表現するベクトルを $\boldsymbol{x}$ とし、カテゴリーを 1 から N の整数で表現したもの（ラベル）を l とします（コンピュータで分類問題を解くときには、多くの場合ラベルは 0 から $N-1$ の整数としますが、ここでは簡単のためこのような設定にしてあります）。分類問題のゴールはデータ $\boldsymbol{x}$ が与えられたときに、そのラベル（カテゴリー）l をよく予測するモデル（**分類器**）を作ることです。

次に、ニューラルネットワークを用いて分類を行う方法について解説します。ここで、データ $\boldsymbol{x}$ を入力したときのニューラルネットワークの出力を $\boldsymbol{y}=F(\boldsymbol{x},\theta)$ と置きます。ここで θ はニューラルネットワークが持つ調節可能なパラメータです。また、出力 $\boldsymbol{y}$ はカテゴリーの数と同じ次元を持つベクトルとします。このとき、出力のベクトル $\boldsymbol{y}$ の各要素の値は、それぞれカテゴリーへの予測の確度を表すものと考え、ここではそれを**分類スコア**を呼ぶことにします。たとえば、$\boldsymbol{y}$ の j 番目の要素の値は j 番目のカテゴリーに対する分類スコアを表します。そして、この分類スコアが最も高いカテゴリーをニューラルネットワークの予測とします。このようにして、出力がカテゴリーと同じサイズのベクトルになるようにニューラルネットワークを設計することにより、分類問題を解くことができます。ここでの処理の流れは、図 2.2 のようにまとめられます。図 2.2 では、データを A、B、C、D の四つのカテゴリーに分類しており、スコアの最も高いカテゴリー B が予測されています。

ただし、精度の高い予測を行うためには、データからモデルの学習を行う必要があります。ここで、モデルの出力 $\boldsymbol{y}$ と実際のラベル l とのズレを損失関数 $L(\boldsymbol{y},l)$ で表します。そして、学習に用いるデータセットに含まれるそれぞれのデータを用いて損失を計算し、その平均値、

$$L=\frac{1}{m}\sum_{i=1}^{m}L(\boldsymbol{y}_i,l_i)$$

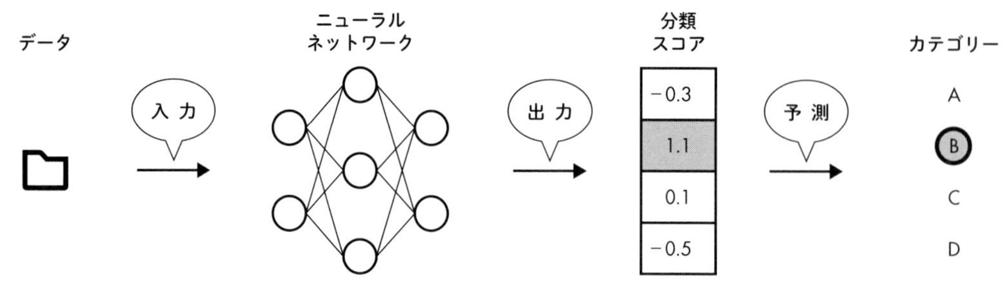

図2.2　ニューラルネットワークを用いて分類問題を扱う方法の概念図

が小さくなるようパラメータを決めます。ここで $\boldsymbol{y}_i$ と l_i は i 番目のデータに対する出力とそのラベルで、m はデータの数です。

分類問題の損失関数は以下のように定義されます。まず、ニューラルネットワークの出力である分類スコアを予測確率に変換します。そのために、以下のように出力ベクトル $\boldsymbol{y}$ の要素 $y_1, y_2, ..., y_N$ に SoftMax **関数**を適用して得られる $p_1, p_2, ..., p_N$ を、それぞれのカテゴリーの予測確率とします。

$$p_i = \frac{exp(y_i)}{\sum_{j=1}^{N} exp(y_j)} \quad (i=1, 2, ..., N).$$

ここで $0<p_i<1$ であり、$p_1+p_2+...+p_N=1$ を満たすので、$(p_1, p_2, ..., p_N)$ が確率分布として扱えることがわかります。このデータが l 番目のカテゴリーに属するとき、

$$L(\boldsymbol{y}, l) = -\log p_l$$

を分類問題の損失とします。このように計算された損失を**クロスエントロピー損失**と呼びます。良いモデルは実際のカテゴリー l の予測確率 p_l に高い値を割り当てることが期待され、損失関数は小さい値をとります。その一方で、悪いモデルは l 以外の間違ったカテゴリーの予測確率に高い値が割り当ててしまうことが期待され、その結果として p_l は小さな値をとるため損失関数は大きな値をとります。このようにしてクロスエントロピー損失はモデルの良さを表現しています。

実際に、どのようにして損失関数の平均値を最小にするようなパラメータを選ぶかについては付録Aを参考にしてください。

3 ニューラル言語モデルの構築

2.2.1項から、言語モデルを実現するためには、ある文脈下でのトークン出現確率をモデル化すればよいことがわかりました。以降では、これを2.2.2項で説明したようなニューラルネットワークで実現する方法、具体的にはネットワークの構築方法と学習データの作成方法について解説します。

ネットワーク構造

ここでは、ニューラル言語モデルにおいて必要とされる、以下二つの層について説明します。

1. 文脈に該当するトークン列を入力として受け取る入力層。
2. 与えられた文脈下でのトークン出現確率分布を出力する出力層。

この間に挟まる中間層についてはモデルごとにさまざまであるため、その詳細は代表的なモデルを取り上げる次節以降に譲ります。

入力層

トークンを意味のある入力とするためには、それぞれを密な（＝すべての次元に意味のある値が入る）ベクトル表現に変換する必要があります。この変換を行う層は**埋め込み層**（embedding layer）と呼ばれます。一般的に、トークンに対応付けられたベクトルは**分散表現**、あるいは**埋め込み表現**（embedding）と呼ばれます。この呼称は、学習の過程でトークンの言語的特徴がベクトルの各次元に分散して現れること（＝言語的特徴が特徴空間に埋め込まれること）の期待に由来しています。

ここで、扱いたい語彙の大きさを N、分散表現として割り当てたいベクトルの次元数を D とすると、埋め込み層は $N \times D$ の行列 E によって特徴付けられます。たとえば、埋め込み層は語彙中の i 番目のトークンの分散表現を E の i 行目のベクトルで与えます。この E の全要素はパラメータとなっています。これは、埋め込み層で得られる分散表現が、学習により適切に決まることを意味しています。

出力層

ある文脈下で、語彙中の N 個の選択肢のなかから現れるトークンを予測する問題は、カテゴリーの数を N とする多クラス分類として解釈ことができます。この確率計算を行うため、前項で解説したとおり、出力層では N 次元のベクトルを出力するようにします。もし、現在考えているモデルの出力の次元がカテゴリーの数と異なる場合には、線形変換（もしくはより複雑な変換）により N 次元のベクトルに変換したものを、ここでは出力とみなします。そのあとに、出力に Softmax 関数を適用し、語彙中のそれぞれのトークンの確率を得ます。なお、損失関数についても多クラス分類問題と同様にクロスエントロピー誤差を用います。

学習データ

ニューラル言語モデルの学習データは、自然言語で記述された任意の文章データ（コーパス）とトークナイザを用いることで、自動的に作成することが可能です。

ここでは、ある単語をそれ以前の文章から予測することを考えます。このモデルを学習するためには、「文脈 - 正解」の組を大量に用意し、学習データとして用います。ここで正解とは実際に現れた単語のことです。例として、次のような文を考えます。

```
"これはテストです。"
```

これをトークン分割すると、次のようなトークン列が得られます。

```
"これ", "は", "テスト", "です", "。"
```

ここから、表 2.1 のように、複数の「文脈 - 正解」の組を作ることが可能です。

表 2.1　学習データとなる文脈一正解対の例

文脈	正解
["これ"]	"は"
["これ"、"は"]	"テスト"
["これ"、"は"、"テスト"]	"です"
["これ"、"は"、"テスト"、"です"]	"。"

なお、ここで例示している作成方法はあくまで単純化された一例であり、実際のデータ作成方法は提案されている言語モデルに応じて異なることに注意してください。

訓練データを作るための日本語コーパスとしては、Wikipedia コーパスが古くから利用されてきました。多くのパラメータを持つモデルの作成が盛り上がっている近年では、さらに巨大な CommonCrawl データセットも広く用いられています [3]。このデータセットは、多くのサイトからさまざまな文書データが収集されているという特徴があります。

4 表現学習手法としてのニューラル言語モデル

適切に学習されたニューラル言語モデルが、推論の過程で中間出力するトークンの分散表現は、トークンの言語的特徴を捉えると言われています。ここで、「分散表現がトークンの言語的特徴を捉える」とは、「人間が似ていると思うトークンは似たような分散表現を持つ」ということです。分散表現がこのような性質を持つことと、言語モデルの目的である「出現するトークンを予測すること」には、いささか開きがあるように思われます。そこで、この節では具体的な例を取り上げながら言語モデルにおける学習過程を追いつつ、言葉の意味が捉えられる様子を確認します。

例として、言語モデルの学習に用いるコーパス中に以下の 2 文が出現したときのことを考えてみましょう。

- 私は朝ごはんを食べた
- 私はランチを食べた

ここで「朝ごはん」と「ランチ」は意味の近い語であり、両者の分散表現は類似することが期待されます。これら 2 文から訓練データを作ると、その一部として表 2.2 に示すような「文脈 - 正解」のトークン対が得られます。

表 2.2 訓練データとなる文脈ー正解対の例

文脈	正解
["私"、"は"、"朝ごはん"、"を"]	"食べ"
["私"、"は"、"ランチ"、"を"]	"食べ"

両者を見比べると、与えられる文脈は異なっている一方で、予測したいトークンは同じです。このような予測を可能にするためには、どちらの文脈が与えられたとしても、似たような分散表現を持つ必要があります。これが実現されるように学習を進める過程で、文脈の差分である「朝ごはん」と「ランチ」は、似たような分散表現を持つように調整されます。

このように、言語モデルは「似たような文脈で出現するトークンが、似たような分散表現を持つ」ように学習されます。これは「語の意味は、その周辺に出現する語によって表される」という**分布意味仮説**に基づいてると言えます。

裏を返すと、一般に、言語モデルは以下のような言語的特徴を捉えることを苦手とします。

- 似たような文脈で出現してしまう、対義語関係（例：熱い／寒い）
- そもそも文章に出現しにくい、自明な常識（例：バナナは黄色い、犬は茶色い）

なお、分散表現の類似性を表す定量的な尺度としては、一般に以下の式で表される**コサイン類似度**が用いられています。

$$sim(\boldsymbol{x}, \boldsymbol{y}) = \frac{\boldsymbol{x} \cdot \boldsymbol{y}}{|\boldsymbol{x}||\boldsymbol{y}|}$$

式が示すとおり、コサイン類似度は正規化されたベクトル同士の内積です。この値は、ベクトル間のなす角度が小さくなるほど大きくなります。これ以降で現れる「類似度」についても、とくに断りがない場合はコサイン類似度を指すものとします。

2-3 Word2Vec

本節と次節では、BERTというモデルが誕生した背景を理解するため、これまでに提案されたニューラル言語モデルのうち、代表的なものを取り上げて説明します。具体的には、本節ではトークンに対して文脈に依存せず一意な表現を与えるモデルの代表としてWord2Vec、次節ではトークンに対して文脈に応じた表現を与えるモデルの代表としてELMoの二つを取り上げます。なお、ここで紹介するニューラル言語モデルは、文章のトークン化で単語単位の分割を行っているため、得られる分散表現も単語に対応します。よって、ここでは、トークンを単語という言葉に置き換えて解説を行います。

Word2Vecは、Mikolovらによって2013年に提案された、単語に対して文脈非依存の（一意な）分散表現を学習するモデルです［4］。このような性質を持つ単語分散表現は、後述される文脈依存の分散表現と対比されます。このように、単語に文脈非依存の分散表現を与えることを、**単語埋め込み**（Word Embedding）と呼びます。

Word2Vecにより得られる分散表現は、単語間の意味的類似性を表すだけでなく、以下のような性質を示すことが知られています。

$$v(\text{日本}) - v(\text{東京}) \approx v(\text{フランス}) - v(\text{パリ})$$
$$v(\text{日本}) + v(\text{首都}) \approx v(\text{東京})$$

最初の例では「日本 - 東京」、および「フランス-パリ」の単語対に現れる意味的な関係性（国-首都）が、分散表現の差分として現れることが示されています。次の例では、「日本」と「首都」の分散表現の加算が、「日本の首都」である「東京」の分散表現とおおむね一致すること、つまり、分散表現の加算によって意味を合成できることが示されています。このように、数値の加減算と意味的な加減算が一致するような性質のことを、**加法構成性**と呼びます。

Word2Vecは、計算効率に優れることでも知られています。このことは、従来難しいとされてきた、数GB単位のコーパスを用いる数十万単位の語彙の学習を可能にしています。また、Gensimなどの Pythonのライブラリなども提供されており、気軽に動作を試すこともできます。

Word2Vecでは、CBOW、skip-gramと呼ばれる二つのモデルが提案されており、以下ではこれらを解説します。

1 CBOW

Continuous Bag-Of-Words（CBOW）モデルは、文章$S=(w_1, w_2, ..., w_n)$が与えられたとき、そのi番目に位置する単語w_iを、その周りの単語$\boldsymbol{C}_i=(w_{i-c}, ..., w_{i-1}, w_{i+1}, ..., w_{i+c})$から予測するような言語モデルです。ここで、CBOWモデルの考慮する文脈$\boldsymbol{C}_i$はw_iの前後一定範囲であり、文脈の範囲の広さを制御するハイパーパラメータcは、**ウインドウサイズ**と呼ばれます。

CBOW は、おもに以下の二つの層から構成される、単純な構造のモデルです。

- 文脈中の単語をベクトルに変換する埋め込み層 V_c
- 予測する単語をベクトルに変換する埋め込み層 V_t

なお、V_c による単語 w のベクトルは $\boldsymbol{v}_c(w)$、V_t による単語 w のベクトルは $\boldsymbol{v}_t(w)$ と表すことにします。

CBOW では、以下のようにして確率分布 $p(w_i|\boldsymbol{C}_i)$ をモデル化します。まず文脈中の各単語 w_j に対応するベクトル $\boldsymbol{v}_c(w_j)$ を平均することで、文脈をベクトルにより表現します。これを $\boldsymbol{v}(\boldsymbol{C}_i)$ と置くと、以下の式で表されます。

$$\boldsymbol{v}(\boldsymbol{C}_i)=\frac{1}{2c}\sum_{w_j\in\boldsymbol{C}_i}\boldsymbol{v}_c(w_j).$$

CBOW は、これと予測対象の単語 w_i に対応するベクトル $v_t(w_i)$ の内積の大きさによって、その出現しやすさをスコア付けします。つまり、文脈 $\boldsymbol{C}_i$ において、語彙中の j 番目の単語 s_j の出現しやすさは、

$$\boldsymbol{v}(\boldsymbol{C}_i)\cdot\boldsymbol{v}_t(s_j)$$

でスコア付けされます。最終的には、これを Softmax 関数で確率に変換します。

$$p(w_i=s_j|\boldsymbol{C}_i)=\frac{\exp\{\boldsymbol{v}(\boldsymbol{C}_i)\cdot\boldsymbol{v}_t(s_j)\}}{\sum_{k=1}^{N}\exp\{\boldsymbol{v}(\boldsymbol{C}_i)\cdot\boldsymbol{v}_t(s_k)\}}.$$

上式の計算量は、語彙数 N に比例します。つまり、巨大な語彙を扱う学習の際に、計算のボトルネックとなることを意味します。この問題に対処するため、Word2Vec では **Hierarchical Softmax** と **Noise Contrastive Estimation**（**NCE**）という 2 手法のうち、いずれかを用いて計算量を削減し、大規模な語彙の学習を可能にしています［5］。

学習済みの CBOW から単語の分散表現を得るためには、埋め込み層 V_c を用います。つまり、単語 w に対する単語の分散表現は $\boldsymbol{v}_c(w)$ で与えられます。

2 Skip-Gram

一方、Skip-Gram は、CBOW モデルの因果関係を逆転させたようなモデルです。つまり、このモデルでは文中のある単語 w_i が与えられたとき、その文脈 $\boldsymbol{C}_i$ に出現する単語 w の確率分布 $p(w|w_i)$ をモデル化します。Skip-Gram の確率計算における考え方やモデル構造は、CBOW とほぼ一致します。Skip-Gram では、単語 w_i が与えられたときに、語彙中の j 番目の単語 s_j に対する確率が、

$$p(s_j|w_i)=\frac{\exp\{\boldsymbol{v}_c(w_i)\cdot\boldsymbol{v}_t(s_j)\}}{\sum_{k=1}^{N}\exp\{\boldsymbol{v}_c(w_i)\cdot\boldsymbol{v}_t(s_k)\}}.$$

で与えられます。これは、CBOWにおいて一つの単語からなる文脈を用いる場合に対応しています。

3 Word2Vecの問題点

Word2Vecの「各単語に対して一意に分散表現を与える」という性質は、多義語を扱う際に問題になります。たとえば、次の二つの文を考えてみましょう。

- 彼は舞台の上手に立った。
- 彼は料理上手だ。

最初の文章における「上手（かみて）」は、舞台の位置を指しています。一方、次の「上手（じょうず）」は、技術に優れることを指しています。このように、「上手」という単語の指す意味は、出現する文脈に応じて変化します。しかし、Word2Vecにおいて「上手」という単語に与えられる分散表現は一意に定まるため、この「文脈に応じた意味の変化」を扱うことができません。

また、Word2Vecから得られる単語の分散表現を利用して文章を表現する際は、文中の単語の分散表現の重み付き平均を利用することで、良い性能が得られることが知られています［6］。ただし、この方法では語順が考慮されません。そのため、以下の意味が異なる2文には同一の分散表現が与えられることになります。

- ジョンはボブに本を貸した。
- ボブはジョンに本を貸した。

2-4 ELMo

本節では**ELMo**と呼ばれる2018年に提案されたモデルを解説します［7］。Word2Vecとは異なり、ELMoから得られる単語の分散表現は、文脈に応じて異なる値をとります。このように、単語に文脈に応じた分散表現を付与することを**文脈化単語埋め込み**（Contextualized Word Embedding）と呼びます。元論文では、このことを表2.3のような例によって説明しています。

表 2.3 文脈化単語埋め込み

Chico Ruiz made a spectacular play on Alusik's grounder {…}	Kieffer, the only junior in the group, was commended for his ability to hit in the clutch, as well as his all-round excellent play.
Olivia De Havilland signed to do a Broadway Play for Garson {…}	{…} they were actors who had been handed fat roles in a successful play, and had talent enough to fill the roles competently, with nice understatement.

ここでは、まず左側の二つの文のそれぞれに対して、文中に出現する“play”という単語の分散表現を ELMo で計算します。そして、それぞれに対して、最も近い分散表現を持つ単語（近傍語）をデータセットから探し、それを含む文を示したものが右側の二つの文になります。

左上の文に出現する“play”は「野球をプレーすること」を指しており、近傍語として現れた“play”も同様の意味を持っています。左下の文に出現する“play”は「演劇」を指しており、近傍語として現れた“play”も同様の意味を持つことがわかります。

このように、ELMo で得られる単語の分散表現は、文脈を捉えたものになっていることがわかります。そして、ELMo の出力する文脈を捉えた単語の分散表現を特徴量として用いることは、さまざまなタスクでの有用（スコアの向上）であることが示されています。

ELMo では文脈に応じた単語の分散表現を得るために、**再帰型ニューラルネットワーク**と呼ばれる系列データを処理するためのモデルが用いられています。とくに、ELMo ではその一種である **LSTM** が用いられています。ここでは、ELMo の解説に入る前に、再帰型ニューラルネットワークや LSTM について解説します。そののち、ELMo についての解説を行います。

1 再帰型ニューラルネットワーク

まず、最初に再帰型ニューラルネットワークのうち最も単純なモデルを解説します。このモデルを単に **RNN** と呼びます。ここで適当な時系列データ $(\boldsymbol{x}_1, \boldsymbol{x}_2, \ldots \boldsymbol{x}_n)$ を考えます。このとき時刻 i における RNN の出力 $\boldsymbol{h}_i$ は、同時刻の入力 $\boldsymbol{x}_i$ と前時刻の RNN の出力 $\boldsymbol{h}_{i-1}$ を用いて次のように表されます。

$$\boldsymbol{h}_i = \phi(A\boldsymbol{x}_i + B\boldsymbol{h}_{i-1} + \boldsymbol{b}) \qquad (i=1, 2, \ldots, n)$$

ただし、A と B は行列、$\boldsymbol{b}$ はベクトル、ϕ は活性化関数とし、初期値 $\boldsymbol{h}_0$ は適当に決めたベクトル（たとえばゼロベクトル）とします。ここで、上の式の右辺を単に $\phi(\boldsymbol{x}_i, \boldsymbol{h}_{i-1})$ と表すことにしましょう。すると、上の関係式は以下のとおり再帰的に展開することができます。

$$
\begin{aligned}
\boldsymbol{h}_i &= \phi(\boldsymbol{x}_i, \boldsymbol{h}_{i-1}) \\
&= \phi(\boldsymbol{x}_i, \phi(\boldsymbol{x}_{i-1}, \boldsymbol{h}_{i-2})) \\
&= \phi(\boldsymbol{x}_i, \phi(\boldsymbol{x}_{i-1}, \phi(\boldsymbol{x}_{i-2}, \boldsymbol{h}_{i-3}))) \\
&\vdots
\end{aligned}
$$

この展開を $\boldsymbol{h}_0$ の項が出現するまで繰り返すことで、時刻 i での RNN の出力 $\boldsymbol{h}_i$ は $\boldsymbol{h}_0$、および $\boldsymbol{x}_1, \boldsymbol{x}_2, ..., \boldsymbol{x}_i$ の関数として表すことができます。処理の流れは図 2.3(a)のようになります。つまり、RNN は「現在時刻以前に行われた入力 $\{\boldsymbol{x}_i\}$ をすべて考慮して、出力を計算することができる」と言えます。

RNN は言語モデルとして用いることができます。RNN は、ある文章 $S=(w_1, w_2, ..., w_n)$ に対して、ある単語 w_i をそれより前の文章 $(w_1, w_2, ..., w_{i-1})$ から予測できます。ここで、RNN への入力 $\boldsymbol{x}_i$ は単語 w_i の分散表現であるとしましょう。単語 w_i の予測を行うために、まず時刻 $(i-1)$ での RNN の出力 $\boldsymbol{h}_{i-1}$ を、RNN で計算します。出力 $\boldsymbol{h}_{i-1}$ は $(\boldsymbol{x}_1, \boldsymbol{x}_2, ..., \boldsymbol{x}_{i-1})$ の関数であることを上で解説しましたが、入力 $\boldsymbol{x}_i$ は単語 w_i の関数なので、出力 $\boldsymbol{h}_{i-1}$ は時刻 i より前の文章の単語列 $(w_1, w_2, ..., w_{i-1})$ の関数であることがわかります。

$$
\boldsymbol{h}_{i-1} = \boldsymbol{h}_{i-1}(w_1, w_2, ..., w_{i-1}).
$$

ここで、語彙にあるすべての単語の出現確率を割り当てるために、RNN の出力 $\boldsymbol{h}_{i-1}$ に適当な線形変換を用いて、語彙と同じサイズのベクトル $\boldsymbol{h}'_{i-1}$ に変換します（より複雑な変換が用いられることもあります）。文脈を考慮した w_i の出現確率 $p(w_i|w_1, w_2, ..., w_{i-1})$ は、ベクトル $\boldsymbol{h}'_{i-1}$ を SoftMax 変換したもので与えられます。つまり、w_i に語彙中の j 番目の単語 s_j が現れる確率は、ベクトル $\boldsymbol{h}'_{i-1}$ の j 番目の要素を $h'_{i-1,j}$ と表すと、

$$
p(w_i = s_j | w_1, w_2, ..., w_{i-1}) = \frac{\exp(h'_{i-1,j})}{\sum_{k=1}^{N} \exp(h'_{i-1,k})}
$$

と与えられます。

上の例では、ある位置より前にある文章からその単語を予測しましたが、ある位置より後ろにある文章からその単語を予測することもできます。このときには RNN で後ろから順番に入力を

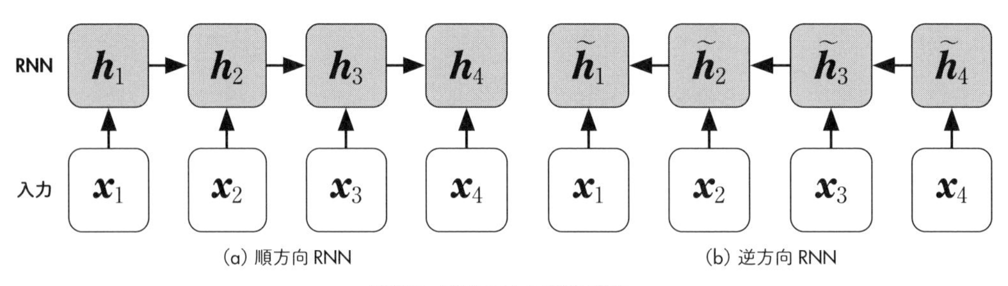

図 2.3　RNN による処理の流れ

処理していきます。具体的には、時刻 i での RNN の出力 $\tilde{\boldsymbol{h}}_i$ は、同時刻の入力 x_i と一つあとの時刻での RNN の出力 $\tilde{\boldsymbol{h}}_{i+1}$ を用いて、

$$\tilde{\boldsymbol{h}}_i = \phi(\tilde{A}\boldsymbol{x}_i + \tilde{B}\tilde{\boldsymbol{h}}_{i+1} + \tilde{\boldsymbol{b}}) \qquad (i = 1, 2, ..., n)$$

と与えられます。処理の流れは図 2.3(b)のようになります。以下では、前方から処理を行う RNN を**順方向 RNN**、後方から処理を行う RNN を**逆方向 RNN** と呼ぶことにします。

単語 w_i をそれ以降の文章 $(w_{i+1}, w_{i+2}, ..., w_n)$ から予測する流れを説明します。まず、逆方向 RNN を用いて、時刻 $(i+1)$ での RNN の出力 $\tilde{\boldsymbol{h}}_{i+1}$ を計算します。これは、時刻 i 以降の文章の単語列 $(w_{i+1}, w_{i+2}, ..., w_n)$ の関数になります。最終的に、順方向 RNN の言語モデルの場合と同様に、確率 $p(w_i|w_{i+1}, w_{i+2}, ..., w_n)$ は $\tilde{\boldsymbol{h}}_{i+1}$ に線形変換、Softmax 関数を適用することで与えられます。

RNN は複数層を積み上げて処理を行うこともでき、このようなネットワークを**多層 RNN** と呼びます。ここでは、順方向 RNN を例にします。1 層目の RNN は、これまで解説したとおり、時刻 i に入力 $\boldsymbol{x}_i$ と同じ層の一つ前の時刻の出力 $\boldsymbol{h}_{i-1}^{(1)}$ を受けて、$\boldsymbol{h}_i^{(1)}$ を出力します。そして、k 層目の RNN では、時刻 i に $(k-1)$ 層目の RNN の同時刻の出力 $\boldsymbol{h}_i^{(k-1)}$ と同じ層の一つ前の時刻の出力 $\boldsymbol{h}_{i-1}^{(k)}$ を受けて、$\boldsymbol{h}_i^{(k)}$ を出力します。式で表すと以下のようになります。

$$\begin{aligned} \boldsymbol{h}_i^{(1)} &= \phi(A^{(1)}\boldsymbol{x}_i + B^{(1)}\boldsymbol{h}_{i-1}^{(1)} + \boldsymbol{b}^{(1)}) \\ \boldsymbol{h}_i^{(k)} &= \phi(A^{(k)}\boldsymbol{h}_i^{(k-1)} + B^{(k)}\boldsymbol{h}_{i-1}^{(k)} + \boldsymbol{b}^{(k)}). \end{aligned}$$

処理の流れを図で表すと、図 2.4 のようになります。言語モデルとして用いる場合には、最終層の出力を用いて、これまで解説してきた方法と同様に、ある時点までの文章の単語列から次の単語を予測することができます。

RNN の各時刻での出力はそれぞれの単語の文脈を考慮した分散表現とみなすことができます。というのは、これまで解説してきたように、時刻 i での RNN の出力 $\boldsymbol{h}_i$ は、その時刻の単語 w_i だけでなく、それ以前の文章 $(w_1, w_2, ..., w_{i-1})$ にも依存するからです。この点は、Word2Vec の

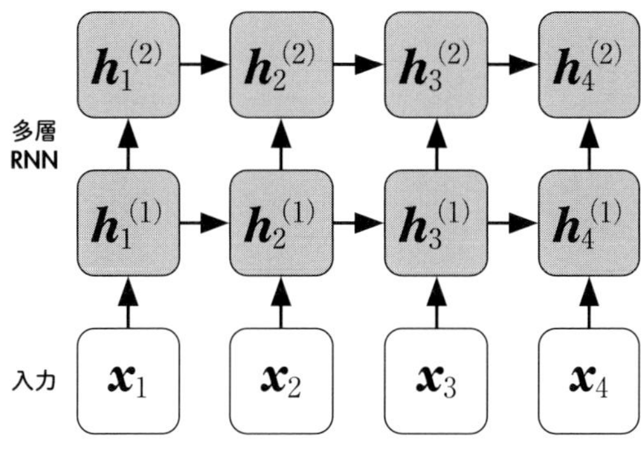

図 2.4　多層 RNN による処理の流れ

ように単語に対して一意な分散表現を出力するモデルとの大きな違いです。

その一方で、RNNの短所として、実際は「RNNは入力された情報を長期間保持できない」ことが指摘されています。これは直感的には以下のように理解されます。RNNは$\boldsymbol{h}_i = \phi(A\boldsymbol{x}_i + B\boldsymbol{h}_{i-1} + \boldsymbol{b})$の式に従い処理が行われますが、RNNにおける現在時刻の出力$\boldsymbol{h}_i$を計算する際には、$B\boldsymbol{h}_{i-1}$に対し$A\boldsymbol{x}_i$が加算されています。これは、出力計算の際に過去から伝搬する情報が現在からの入力で「薄められる」ことを示します。ここで薄められる割合をコントロールするのが行列AとBになりますが、このパラメータは入力の値によらず一定の値をとります。つまり、あるタイミングで入力された情報は、そのあとに追加でなされた入力の回数に応じ、徐々に情報を失っていきます。そのため、RNNは入力された情報を長時間保持することができません。

2 Long Short-Term Memory（LSTM）

LSTMは、「入力された情報を長時間保持することができない」というRNNの抱える構造上の問題を改善するために提案されたモデルです。LSTMの構造はやや複雑ですが、言語モデルとして用いる際には、RNNの処理をLSTMの処理で置き換えるだけで、大域的な処理の流れはRNNを用いたモデルと同じです。そのため、LSTMの詳細に興味がなければ、以下の解説は読み飛ばしても構いません。

LSTMはやや複雑な構造を持つため、まずはその内部構造を抽象化して捉えます。LSTMは各時刻で二つの内部状態、$\boldsymbol{h}_i$と$\boldsymbol{c}_i$を持ち、その入出力関係は図2.5(a)のように表されます。ここで$\boldsymbol{c}_i$は**メモリセル**と呼ばれます。$\boldsymbol{h}_i$と$\boldsymbol{c}_i$は両方とも、LSTMでの次の時刻での処理に使われます。その一方でLSTMの外に出力されるのは$\boldsymbol{h}_i$のみです。つまり$\boldsymbol{c}_i$はLSTMの内部でのみ受け渡しが

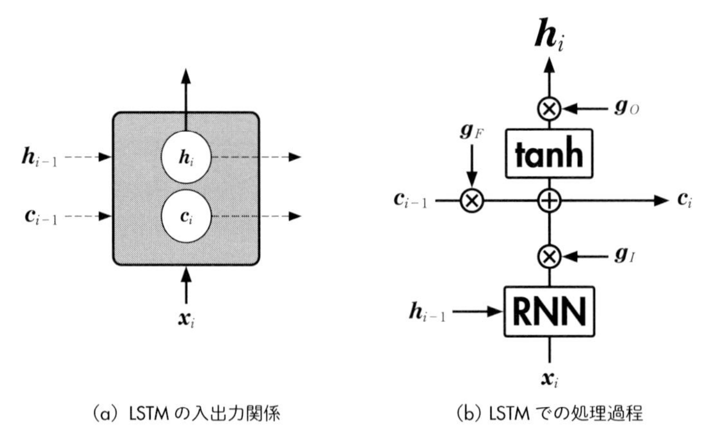

(a) LSTMの入出力関係　　(b) LSTMでの処理過程

図2.5　LSTMの入出力関係と処理の流れ

発生します。このため、LSTM は RNN と同様の入出力関係を持つモジュールとして取り扱うことができます。

以降では、LSTM の具体的な内部構造について確認していきます。LSTM はその内部に、「一つの RNN」と情報の流れを制御する「三つの**ゲート**」を持ちます。まず、RNN は現在時刻の入力値 $\boldsymbol{x}_i$ と、一つ前の時刻の LSTM の出力 $\boldsymbol{h}_{i-1}$ を受け取り、出力 $\boldsymbol{y}_i$ を返します。

$$\boldsymbol{y}_i = \phi(A\boldsymbol{x}_i + B\boldsymbol{h}_{i-1} + \boldsymbol{b}).$$

次に、ゲートについてですが、各ゲートは対応する入出力値に対する重み（＝その入出力値を考慮/忘却する割合）を算出し、この重みは対応する入出力値へと掛け合わされます。ここで、算出される重みが LSTM への入力に応じて変化することで、柔軟な時系列情報の考慮が可能となります。三つのゲートはそれぞれ独立したパラメータを持ち、これは現在時刻の入力値 $\boldsymbol{x}_i$ と一つ前の時刻の LSTM の出力値 $\boldsymbol{h}_{i-1}$ を受け取り、以下の式によって重みベクトル $\boldsymbol{g}_I, \boldsymbol{g}_F, \boldsymbol{g}_O$ を計算します。

$$\begin{aligned}
\boldsymbol{g}_I &= \sigma(A_I\boldsymbol{x}_i + B_I\boldsymbol{h}_{i-1} + \boldsymbol{b}_I) \\
\boldsymbol{g}_F &= \sigma(A_F\boldsymbol{x}_i + B_F\boldsymbol{h}_{i-1} + \boldsymbol{b}_F) \\
\boldsymbol{g}_O &= \sigma(A_O\boldsymbol{x}_i + B_O\boldsymbol{h}_{i-1} + \boldsymbol{b}_O).
\end{aligned}$$

ここで、活性化関数 σ は要素ごとにシグモイド関数を適用します。シグモイド関数により、重みベクトルの各要素の値域は $(0, 1)$ に抑えられます。

$\boldsymbol{c}_i$ および $\boldsymbol{h}_i$ は、以下に従い計算されます。

$$\begin{aligned}
\boldsymbol{c}_i &= \boldsymbol{g}_I \odot \boldsymbol{y}_i + \boldsymbol{g}_F \odot \boldsymbol{c}_{i-1} \\
\boldsymbol{h}_i &= \boldsymbol{g}_O \odot tanh(\boldsymbol{c}_i).
\end{aligned}$$

ここで$\odot$は、要素ごとの積を指しています。また、処理の流れを図でまとめると、図 2.5(b) のようになります。

ここで LSTM の三つのゲートは以下のような役割があり、この働きにより RNN に比べると重要な情報をより長い時間保持することができます。

- $\boldsymbol{g}_I$：RNN の出力値 $\boldsymbol{y}_i$ に対して乗算することで、現在時刻で入力された情報を「考慮」する割合を動的に調整する。このゲートは Input Gate と呼ばれる。
- $\boldsymbol{g}_F$：前時刻から伝搬されたメモリセル $\boldsymbol{c}_{i-1}$ に対して乗算することで、過去に入力された情報を「考慮」する割合を動的に調整する。このゲートは Forget Gate と呼ばれる。
- $\boldsymbol{g}_O$：現在時刻の出力値 $\boldsymbol{h}_i$ を計算する際、その最終段階に乗算することで、現時刻の情報が次時刻で「考慮」される割合を動的に調整する。このゲートは Output Gate と呼ばれる。

LSTM も RNN と同じように、層を積み重ねることができ、このようなネットワークは**多層 LSTM** と呼ばれます。ただし多層 LSTM では次の層へと出力されるのは $\boldsymbol{h}_i$ だけで、メモリセル $\boldsymbol{c}_i$ は同じ層内の処理のみで用いられます。

3 ELMo のモデル概要

ELMo は、おもに順方向の多層 LSTM と逆方向の多層 LSTM を組み合わせた構成となっています（図 2.6）。このようなモデルは**双方向 LSTM**（Bidirectional LSTM）と呼ばれます。

図 2.6 では、簡単のため、単語を分散表現に変換する入力層は省略しています。それぞれの単語に対応する順方向と逆方向の LSTM の出力を結合することで、文脈を考慮した単語の分散表現を得ることができます。

言語モデルとしての ELMo

最初に、大量の文章を用いて、ELMo に汎用的な言語のパターンを学習させる方法について解説します（**事前学習**）。ここで、適当な文 $(w_1, w_2, ..., w_n)$ が与えられたとき、その i 番目に位置する単語 w_i の出現確率を予測することを考えます。

まず、順方向の多層 LSTM からは、w_i より前の文章 $(w_1, w_2, ..., w_{i-1})$ を文脈とする予測確率 $p(w_i|w_1, w_2, ..., w_{i-1})$ を計算することができます。それに加えて、逆方向の多層 LSTM からは、w_i よりあとの文章 $(w_{i+1}, w_{i+2}, ..., w_n)$ を文脈とする予測確率 $p(w_i|w_{i+1}, w_{i+2}, ..., w_n)$ を計算することができます。図 2.7 は、この流れを表したものです。そして、この二つの予測を組み合わせて、

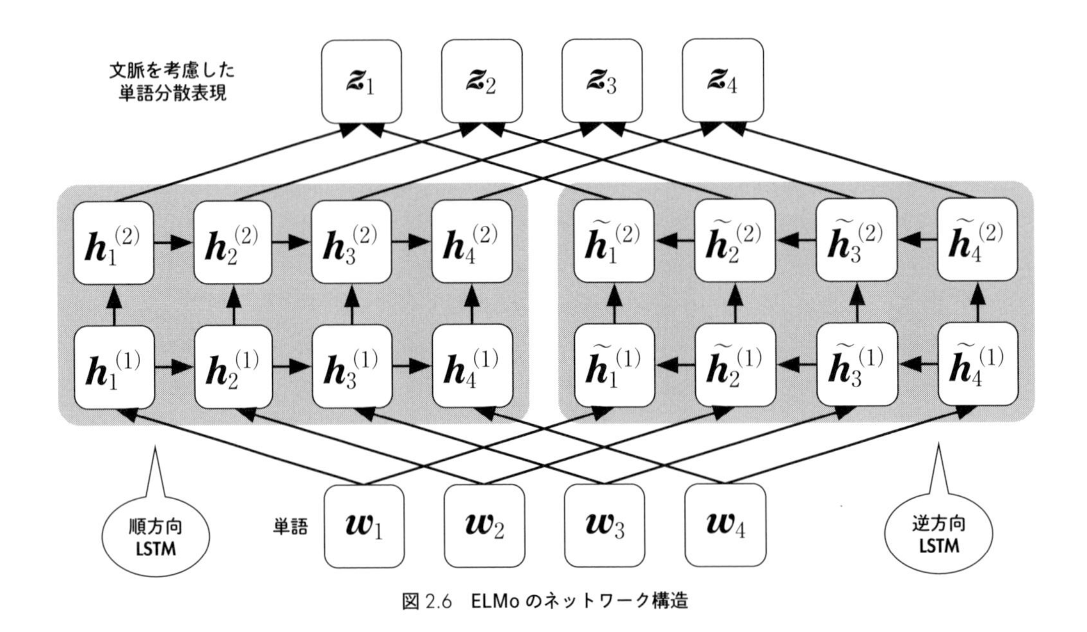

図 2.6　ELMo のネットワーク構造

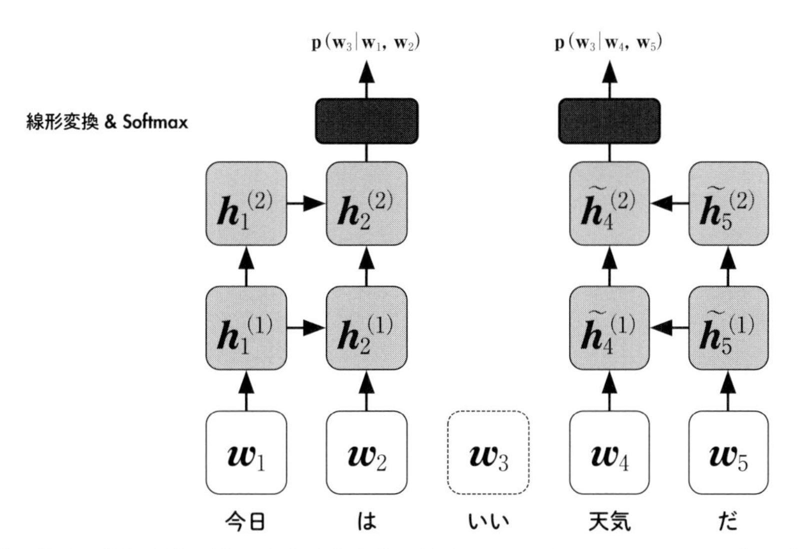

図 2.7 文章の単語列「"今日"、"は"、"いい"、"天気"、"だ"」が与えられたとき、ELMo によって 3 番目の単語「いい」が予測される過程

次の損失関数、

$$-\sum_{i=1}^{n} \log p(w_i|w_1, w_2, ..., w_{i-1}) + \log p(w_i|w_{i+1}, w_{i+2}, ..., w_n)$$

を用いて学習を行います。つまり、対象となる単語に対して、それよりも前にある文章からの予測と、後ろにある文章からの予測のそれぞれの性能が上がるように学習が行われるのです。ELMo は文中に現れる単語のうち、予測対象以外のすべてを文脈として考慮しているとも言えます。

特徴抽出器としての ELMo

個別の言語タスクで ELMo を用いるには、以下のように ELMo を特徴抽出器として用います。ここでは、ELMo を用いて i 番目の単語 w_i の特徴量を抽出することを考えます。

まず、ある層の時刻 i の順方向 LSTM の出力 $\boldsymbol{h}_i^{(k)}$ と逆方向 LSTM の出力 $\tilde{\boldsymbol{h}}_i^{(k)}$ を結合して、新たなベクトル $\boldsymbol{z}_i^{(k)}$ を作成します。このベクトル $\boldsymbol{z}_i^{(k)}$ は単語 w_i の文脈を考慮した分散表現になっています。というのは、順方向 LSTM の出力 $\boldsymbol{h}_i^{(k)}$ は w_i とそれ以前の文章に応じた値をとり、逆方向 LSTM の出力 $\tilde{\boldsymbol{h}}_i^{(k)}$ は w_i とそれ以降の文章に応じた値をとるため、それらを結合したベクトル $\boldsymbol{z}_i^{(k)}$ は、文章全体の文脈に応じた値をとるからです。このようにして、ELMo から文脈を考慮した単語分散表現を得ることができます。

一つの簡単な例としては、図2.6のように、LSTMの最終層で得られた単語の文脈化分散表現$\boldsymbol{z}_i^{(k)}$を特徴量として用いることが考えられます。また、最終層だけでなく、LSTMのすべての層を用いることにより、それぞれの単語に対して層と同じ数の特徴量を得ることができます。さらに、ELMoの入力層の単語の分散表現も、特徴量として用いることができます。そして、これらの特徴量を重み付き平均したものを最終的な特徴量として用いることもできます。

ELMoを用いて個別のタスクを解くときには、ELMoから得られる特徴量を、そのタスクに特化したモデルへの入力として用います。そして、学習データを用いてモデルの学習を行います。ELMoの元論文では、ELMoのパラメータは固定したままで、個別のタスクのモデルのみを訓練するような方法が提案されています。

補足

- ELMoの入力層は、単語を文字単位に分割したものをニューラルネットワークに入力し、単語をベクトル化しています。
- ELMoではLSTMの層間でResidual Connectionが加えられています。Residual Connectionについては3.1.3項で解説しますが、深いニューラルネットワークでも学習が進むようにするための工夫です。

第2章のまとめ

本章では、ニューラル言語モデルの基礎と、これまでに提案された代表的なモデルを解説しました。次章では本章で解説したことを背景として、BERTの解説を行います。

第2章の参考文献

[1]工藤拓「形態素解析の理論と実装」近代科学社、2018。
[2]ディープラーニング入門 Chainer チュートリアル 13章
https://tutorials.chainer.org/ja/13_Basics_of_Neural_Networks.html
[3]CommonCrawl データセット　https://commoncrawl.org/
[4]Tomas Mikolov, et. al, "Efficient Estimation of Word Representations in Vector Space", ICLR, 2013.
[5]Tomas Mikolov, et. al, "Distributed Representations of Words and Phrases and their Compositionality", NeurIPS, 2013.
[6]Sanjeev Arora, et. al, "A Simple but Tough-to-Beat Baseline for Sentence Embeddings", ICLR, 2017.
[7]Matthew E. Peters, el. al, "Deep contextualized word representations", NAACL, 2018.

第3章

BERT

前章ではBERTに至るまでの背景を解説しましたが、本章ではBERTについて解説します。BERTは2018年にGoogleにより提案されたモデルで、さまざまな言語タスクで既存のモデルを上回る性能を示しました［1］。BERTは文脈に応じた処理を行うために、Attentionと呼ばれる方法を用いています。本章の前半では、Attentionを中心としてBERTがどのように文章を処理しているかを解説します。そして後半では、BERTの学習方法として**事前学習**と**ファインチューニング**を解説します。

第3章の目標

- **BERTの処理の流れを理解する。**
- **事前学習やファインチューニングの方法を理解する。**

3-1　BERTの構造

RNNを用いたモデルの問題点として、それぞれの層のなかで文章の前方から（もしくは後方から）順々に処理が行われており、処理を経るにつれ、前方（もしくは後方）にあるトークンの情報は失われてしまう点が挙げられます。このために、RNNをベースとしたモデルでは、離れた位置にある情報を考慮して処理を行うのが難しいという問題がありました。LSTMを用いても、この問題を完全に解決することはできません。また、前方から順々に処理するため並列で計算することができず、計算効率も高くはありません。

BERTも「文章をトークンに分割したものを入力として受けて、それぞれのトークンに対応するベクトルを出力する」という点では、RNNをベースとしたモデルと同様です。BERTでの処理の流れは、図3.1のようになっています。BERTはRNNをベースとしたモデルと同様に、層状の構造をしています。それぞれの層は各トークンに対応するベクトルを出力します。そして、その次の層はそれを受けて、各トークンに対応する新たなベクトルを出力します。BERTではこのような処理を繰り返し行います。

ただしRNNと違い、BERTはあるトークンの情報を処理する際に、他のトークンの情報を直接参照して処理を行います（図3.1）。このとき、それぞれのトークンの情報にどの程度の注意（Attention）を払うかということは、文章に現れるトークンに応じて適応的に決まります。このような方法は**Attention（注意機構）**と呼ばれます。Attentionを用いることにより、BERTは離れた位置にあるトークンの情報も適切に取り入れることができ、より深く文脈を考慮したトークンの分散表現を得ることができます。また、層内でそれぞれのトークンに対する出力は独立に計算することができるため、並列化による高い計算効率が期待されます。

本節では、Attentionを中心としてBERTがどのように文章を処理しているかを解説します。BERTは**Transformer**［2］というモデルで提案された、**Transformer Encoder**と呼ばれるAttentionを用いたニューラルネットワークを用いています。Transformer Encoderのそれぞれの層は、おも

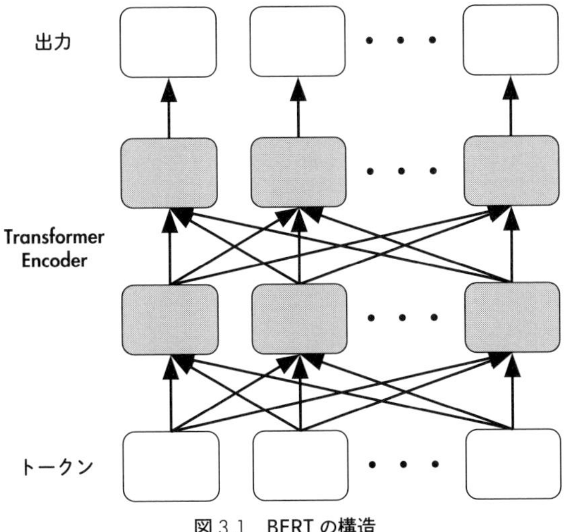

図 3.1　BERTの構造

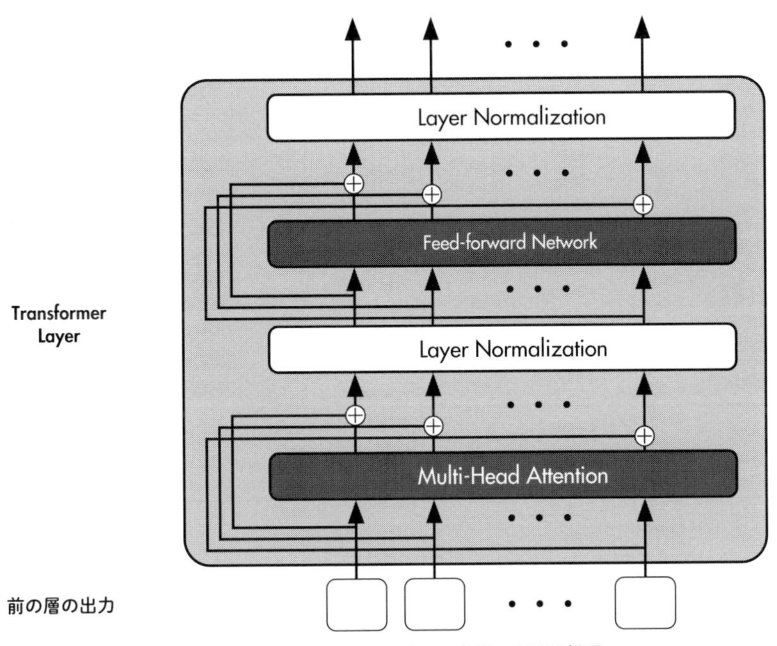

図 3.2　Transformer Encoderの各層における処理

にMulti-Head AttentionとFeedforward Networkから構成されます（図 3.2)。以下では、これらの構成要素の詳細や処理の流れを解説します。

Transfomer の内部では、各トークンはベクトルとして表現されます。実際に Transformer で処理を行う際には、トークンごとに別々に処理を行うのではなく、すべてのトークンをまとめて一括で処理し、処理の流れは行列の演算として表すことができます。しかしながら、初学者にとってはそれぞれのトークンのベクトルがどのように処理されていくのかを追うほうが処理の流れを理解しやすいため、ここではそのように解説を行います。

 Scaled Dot-Product Attention

Transformer Encoder に含まれる Multi-Head Attention を理解するためには、その構成要素である **Scaled Dot-Product Attention** を理解する必要があります。そのため、まずは Scaled Dot-Product Attention を解説します。

ここでは、n 個のトークンで構成される文章を処理することを考えます。そして、一つ前の層での時刻 i の出力（i 番目のトークンに対応する出力）はベクトル $\boldsymbol{x}_i$ で与えられるとします $(i=1, 2, ..., n)$。本節では、便宜上ベクトルは行ベクトルであるとします。まず、それぞれの出力に対して行列 W^Q, W^K, W^V で線形変換を行うことにより、クエリ $\boldsymbol{q}_i$, キー $\boldsymbol{k}_i$, バリュー $\boldsymbol{v}_i$ と呼ばれる三つの d 次元ベクトルを準備します。

$$\boldsymbol{q}_i=\boldsymbol{x}_i W^Q$$
$$\boldsymbol{k}_i=\boldsymbol{x}_i W^K$$
$$\boldsymbol{v}_i=\boldsymbol{x}_i W^V.$$

Scaled Dot-Product Attention では、それぞれのトークンはこれらの三つのベクトルにより特徴付けられます。Scaled Dot-Product Attention はこれらのベクトルの組を入力として受け、それぞれのトークンに対してベクトル $\boldsymbol{a}_i$ を出力します。ここで、出力 $\boldsymbol{a}_i$ は、バリュー $\boldsymbol{v}_i$ の重み付き平均、

$$\boldsymbol{a}_i=\sum_{j=1}^{n}\alpha_{i,j}\boldsymbol{v}_j$$

で与えられるとします。ここで重みは、$\alpha_{i,j}\geq 0$ および $\sum_j \alpha_{i,j}=1$ を満たすものとします。

重み $\alpha_{i,j}$ は i 番目のトークンを処理する際に、j 番目のトークンの情報を重視する度合いを表しています。ここでは、重みはキーとクエリから決まります。一般的には、i 番目のトークンのクエリ $\boldsymbol{q}_i$ と j 番目のトークンのキー $\boldsymbol{k}_j$ との関連度をなんらかの方法で評価し、それに応じて重みを決めます（図 3.3）。つまり、i 番目のトークンを処理するときには、そのクエリと関連度が大きいようなキーを持つトークンほど出力に大きく寄与するようになります。

Transformer では、**Scaled Dot-Product** と呼ばれる方法でクエリとキーのスコアを評価します。Scaled Dot-Product は $\boldsymbol{q}_i$ と $\boldsymbol{k}_j$ の内積を $\sqrt{d}$ で割って得られる $\hat{\alpha}_{i,j}$ をスコアとして用います（d はベクトルの次元）。

$$\hat{\alpha}_{i,j}=\frac{\boldsymbol{q}_i\cdot\boldsymbol{k}_j}{\sqrt{d}}.$$

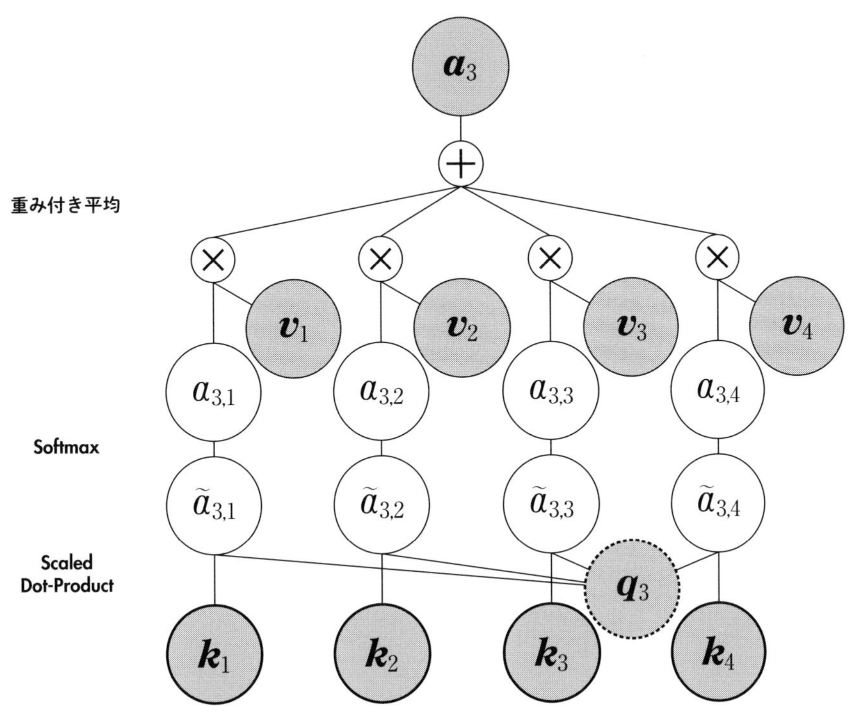

図 3.3　Scaled Dot-Product Attention の処理の流れ

単に内積を取るだけだと、ベクトルの次元 d が大きくなると、最終的にほとんどの重みがほぼ 0 になってしまい、学習が進まなくなってしまいます。これを回避するために、スコアを計算するときに $\sqrt{d}$ で割っています。

スコア $\tilde{\alpha}_{i,1}, \tilde{\alpha}_{i,2}, ..., \tilde{\alpha}_{i,n}$ に Softmax 関数を適用することで、最終的に重み $\alpha_{i,1}, \alpha_{i,2}, ..., \alpha_{i,n}$ を得ます。

$$[\alpha_{i,1}, \alpha_{i,2}, ..., \alpha_{i,n}] = \mathrm{Softmax}(\tilde{\alpha}_{i,1}, \tilde{\alpha}_{i,2}, ..., \tilde{\alpha}_{i,n}).$$

Scaled Dot-Product Attention の処理の流れは、図 3.3 のように表せます。ここでは、四つのトークンからなる文章を入力として、三つめのトークンに対する出力を計算する例を示しています。

これまでの解説では、i 番目のトークンに対応する出力 $\boldsymbol{a}_i$ を計算する方法を解説しましたが、異なるトークンに対する出力は別々に計算するのではなく、一つの行列演算で効率よく計算することができます。以下のように、入力、クエリ、キー、バリュー、出力のそれぞれの（行）ベクトルを縦に結合した行列を、それぞれ X, Q, K, V, A と置きます。

$$X = \mathrm{vstack}(\boldsymbol{x}_1, \boldsymbol{x}_2, ..., \boldsymbol{x}_n),$$

$$Q=\text{vstack}(\boldsymbol{q}_1, \boldsymbol{q}_2, ..., \boldsymbol{q}_n),$$
$$K=\text{vstack}(\boldsymbol{k}_1, \boldsymbol{k}_2, ..., \boldsymbol{k}_n),$$
$$V=\text{vstack}(\boldsymbol{v}_1, \boldsymbol{v}_2, ..., \boldsymbol{v}_n),$$
$$A=\text{vstack}(\boldsymbol{a}_1, \boldsymbol{a}_2, ..., \boldsymbol{a}_n).$$

ここで、vstackは行列を縦に結合する関数です。すると、出力AはクエリQ、キーK、バリューVの関数として、

$$A=\text{Attention}(Q, K, V)=\text{Softmax}\left(\frac{QK^T}{\sqrt{d}}\right)V$$

と表現されます（K^Tは行列Kの転置行列を表す）。またクエリQ、キーK、バリューVは入力Xから、

$$Q=XW^Q,$$
$$K=XW^K,$$
$$V=XW^V.$$

と得られます。この行列での表現とベクトルでの表現が同値であることは、各自で確かめてみてください。

最後に、Attentionを用いる利点について解説しておきます。RNNには、ステップを経るごとにトークンの情報が失われるという欠点がありました。その一方で、Attentionでは、あるトークンの情報を処理するときには、すべてのトークンの情報を直接用いて出力を計算します。これにより、遠く離れたトークンの情報も適切に考慮することが可能になります。また、RNNでは、あるトークンに対する出力を計算するには、それより前のトークンに対する出力が計算されるまで待つ必要がありました。しかし、Attentionではそれぞれのトークンに対する出力を独立に計算することができ、並列化の効率が良いという利点もあります。

2 Multi-Head Attention

Transformer Encoderでは、Scaled Dot-Product Attentionを拡張した**Multi-Head Attention**が用いられています。Multi-Head Attentionは、クエリ、キー、バリューの組を複数用意しておき、それぞれの組に対してScaled Dot-Product Attentionを適用し、最後に出力を一つに集約するような方法です。

Scaled Dot-Product Attentionでは、前の層の出力$\boldsymbol{x}_i$に対して、行列W^Q, W^K, W^Vを適用してクエリ$\boldsymbol{q}_i$、キー$\boldsymbol{k}_i$、バリュー$\boldsymbol{v}_i$を得ました。そのため、行列の組$(W^Q_{(l)}, W^K_{(l)}, W^V_{(l)})$を複数用意することで、クエリ、キー、バリューの組を複数作成することができます$(l=1, 2, ..., h)$。それぞれの行列の組を用いて、Scaled Dot-Product Attentionの出力$\boldsymbol{a}_i^{(l)}$を得ます。そして、それらを横に連結して一つのベクトルにし、さらに行列W_Oにより線形変換を行うことにより、最終的な出力

$\boldsymbol{a}_i$を得ます。

$$\boldsymbol{a}_i = \mathrm{hstack}(\boldsymbol{a}_i^{(1)}, \boldsymbol{a}_i^{(2)}, \ldots, \boldsymbol{a}_i^{(h)}) W^O.$$

ここで、hstackは行列を横に結合する関数です。また、ここで登場した行列$W_{(l)}^Q, W_{(l)}^K, W_{(l)}^V$, W^Oはパラメータです。

またScaled Dot-Product Attentionと同様、Multi-Head Attentionもすべてのトークンをまとめて、行列の演算として処理することができます。ここでそれぞれの行列の組に対するScaled Dot-Product Attentionの出力をすべてのトークンで縦に結合して行列にしたものを$A^{(l)}$とし、Multi-Head Attentionの出力を同様に行列にしたものをAと置きます。

$$A^{(l)} = \mathrm{vstack}(\boldsymbol{a}_1^{(l)}, \boldsymbol{a}_2^{(l)}, \ldots, \boldsymbol{a}_n^{(l)}),$$
$$A = \mathrm{vstack}(\boldsymbol{a}_1, \boldsymbol{a}_2, \ldots, \boldsymbol{a}_n).$$

するとMulti-Head Attentionの出力Aは、

$$A = \mathrm{hstack}(A^{(1)}, A^{(2)}, \ldots, A^{(h)}) W^O$$

と表され、またそれぞれの行列の組に対する、Scaled Dot-Product Attentionの出力$A^{(l)}$は、

$$A^{(l)} = \mathrm{Attention}(XW_{(l)}^Q, XW_{(l)}^K, XW_{(l)}^V)$$

と表されます。

3 Residual Connection

Multi-Head Attentionはそれぞれのトークンに対して、ベクトル$\boldsymbol{x}_i$を$\boldsymbol{a}_i$に変換します($i=1, 2, \ldots, n$)。Transformer Encoderでは**Residual Connection**が用いられており、このときにはMulti-Head Attentionの出力そのものではなく、入力と出力の和、

$$\boldsymbol{y}_i = \boldsymbol{x}_i + \boldsymbol{a}_i$$

を次の処理に送ります。Residual Connectionにより、深い層を持つモデルに対しても、学習が適切に行えるようになるという効果があります。

Layer Normalization

Layer Normalizationは、次の処理への入力を正規化するものです。具体的には、ベクトル$\boldsymbol{y}_i$が与えられたときには、その要素の平均μ_iと標準偏差σ_iを用いて、

$$\mathrm{LayerNorm}(y_i) = \frac{\gamma}{\sigma_i} \odot (\boldsymbol{y}_i - \mu_i) + \beta$$

を出力します。ただし、ここでβとγはパラメータであり、$\boldsymbol{y}_i$と同じ次元のベクトルです。また、⊙は要素ごとに積をとる演算を表しています。Layer Normalizationにより、学習が早く収束することが期待されます。

5 Feedforward Network

Transformer Encoderの後半では、まず**Feedforward Network**により処理されます。一つめのLayer Normalizationが終わったあとの、それぞれのトークンに対応するベクトルを$\boldsymbol{z}_i$と置くと、ここでの処理は、

$$\mathrm{FFN}(\boldsymbol{z}_i)=\mathrm{GELU}(\boldsymbol{z}_i W_1+\boldsymbol{b}_1)W_2+\boldsymbol{b}_2$$

で表現されます。GELU関数は、ReLU関数を滑らかにしたような関数です。このあとに、Residual ConnectionとLayer Normalziationを適用したものが、Transformer Encoderの層の出力になります。

3-2 入力形式

本節では、文章をBERTに入力する流れを解説します。

1 トークン化

BERTでは、さまざまな言語タスクに対応できるように、入力形式が設計されています。たとえば、文章とその文章に対する質問が与えられ、答えを文章から抜き出すというタスクを考えましょう。このときはBERTは「文章」と「質問」の二つを入力として「回答」を出力することが期待されます。このようなタスクに対応するためには、単一の文章だけではなく、文章のペアを入力として受け入れられるようにする必要があります。

BERTでは、以下のようにして単一の文章や文章のペアをトークン列に変換します。単一の文章を入力するときには、文章をトークン化したものに加えて、トークン列の先頭に特殊トークン[CLS]を、末尾に特殊トークン[SEP]を加えます。たとえば、

```
今日の天気は雪だった。
```

という文章をBERTに入力するためには、

```
'[CLS]', '今日', 'の', '天気', 'は', '雪', 'だっ', 'た', '。', '[SEP]'
```

というトークン列に変換します。

また、文章のペアを入力する際には、一つめの文章のトークン列と二つめの文章のトークン列を並べ、その境界に［SEP］を置きます。そしてトークン列の先頭に［CLS］を末尾に［SEP］を加えます。たとえば、

文章：今日の天気は雪だった。
質問：今日の天気は？

のような文章と質問を BERT に入力する際には、

```
'[CLS]', '今日', 'の', '天気', 'は', '雪', 'だっ', 'た', '。', '[SEP]', '今日',
'の', '天気', 'は', '？', '[SEP]'
```

というトークン列に変換します。

特殊トークン［SEP］は、文章のペアの境界を示す役割や、入力の終わりを示す役割があります。特殊トークン［CLS］に関してですが、［CLS］に対応する BERT の出力は、文章の分散表現として用いることができます。たとえば文章を与えられたカテゴリーに分類するようなタスクでは、［CLS］に対応する BERT の出力（ベクトル）を分類器に入力して分類問題を解く、というような使い方をします。

2 ベクトル化

前項で解説した方法で文章をトークン列に変換したあとは、それぞれのトークンをベクトルに置き換えて、BERT に入力します。このため以下のように、トークン、文章のタイプ、文章中の位置それぞれに応じた三つのベクトルの和を BERT へ入力します。

以下ではそれぞれのトークンを次元が m のベクトルに変換して BERT に入力するものとします。

- サイズが（語彙数、m）の行列 E^T を用意し、語彙中の j 番目のトークンが現れたら、E^T の j 行目の行ベクトルに置き換えます。このようにして、文章中の i 番目のトークンをベクトルに置き換えたものを $\boldsymbol{e}_i^T$ と置きます。
- サイズが $(2, m)$ の行列 E^S を用意します。BERT に入力する文章が 1 文のみから構成されるならば、それぞれのトークンを E^S の 1 行目の行ベクトルに置き換えます。BERT に入力する文章が 2 文から構成される場合には、最初の文に含まれるトークンを E^S の 1 行目の行ベクトルに置き換え、二つめの文に含まれるトークンを 2 行目の行ベクトルに置き換えます。このようにして、文章中の i 番目のトークンをベクトルに置き換えたものを $\boldsymbol{e}_i^S$ と置きます。
- Attention を用いると、すべてのトークンを位置に関係なく同等に扱うので、入力に文章中での位置を表す情報を加える必要があります。BERT に入力可能な最大のトークンの数を L とし、サイズが (L, m) の行列 E^P を用意します。文章中の i 番目のトークンを行列 E^P の i 行目の行ベクトルに置き換え、それをここでは $\boldsymbol{e}_i^P$ と置きます。

最終的に、文章中の i 番目のトークンは、上で得た三つのベクトルを足した $\boldsymbol{e}_i$ に置き換えてBERTに入力します。

$$\boldsymbol{e}_i = \boldsymbol{e}_i^T + \boldsymbol{e}_i^S + \boldsymbol{e}_i^P.$$

また、上で登場した E^T, E^S, E^P は学習を行うパラメータです。

3-3 学習

これまでは、BERTのモデルがどのような構造をしているかについて解説してきました。本節では、BERTをどのように学習するかを解説します。第1章でも解説したとおり、BERTには大規模な文章コーパスから汎用的な言語のパターンを学習する**事前学習**と、個別のタスクのラベル付きデータを用いてそのタスクに特化させるように学習する**ファインチューニング**の二つの段階があります。これらのトピックにあまり馴染みがない読者は、第1章を適宜参考にしてください。

1 事前学習

事前学習は、大規模な文章コーパスを用いて汎用的な言語のパターンを学習するために行われます。学習と言うと一般的に、「モデルに対して入力されるデータとそれに対する望ましい出力の関係を、人間が付与したラベル付きデータを用いて学習させる」というイメージを持つ人が多いかもしれません。その一方で、事前学習で用いるのは生の文章データのみです。このようなラベル付けされていないデータのことを**ラベルなしデータ**と呼びます。

ラベルなしデータを用いるメリットは、比較的容易に大量のデータを収集できるということです。たとえば、文章データはインターネットから容易に大量に収集できます。その一方で、ラベルなしデータを用いたときは、「モデルになにを学習させればよいか」ということがラベル付きデータを用いた学習と比べて自明ではなく、なんらかの工夫が必要です。そこで、BERTでは以下の二つの方法を組み合わせて大量の文章データから学習が行われます。

マスク付き言語モデル

BERTでは、ある単語を周りの単語から予測するというタスクを用いて、学習を行います。具体的には、まずランダムに選ばれた15%のトークンを［MASK］という特殊トークンに置き換えます[*1]。そして、置き換えられた文章をBERTに入力し、［MASK］の位置に元々あったトークン

---

*1 実際には、選ばれたトークンをすべて［MASK］に置き換えているわけではありません。選ばれたトークンのうち80%を［MASK］に、10%をランダムに選ばれた他のトークンに、残りの10%はそのままにしておきます。そして、これらのトークンがもとはなにであったかを予測します。この処理により、すべてを［MASK］と置き換えるのに比べて、個別のタスクでの性能が上がることがわかっています［1］。

を予測するというタスクを用いて学習を行います。つまり、[MASK] に置き換えられたトークンを、[MASK] を含む文章に対するラベルとして扱うことで、その入出力関係を学習します。

具体的には、[MASK] に対応する BERT の出力を分類器に入力し、トークンを予測します。つまり、「ここで特殊トークン [MASK] は、ここに入るトークンを予測してください」ということを、BERT に指示する役割があります。このように一部のトークンが [MASK] である文章から、[MASK] に入るトークンを予測する（正確にはそれぞれのトークンに確率を割り当てる）言語モデルを、**マスク付き言語モデル**と呼びます。

たとえば、「今日の天気は雪だった。」という文章を考えます。そして、「雪」を「[MASK]」に置き換えます。そのときのトークン列は以下のようになります。

```
'[CLS]', '今日', 'の', '天気', 'は', '[MASK]', 'だっ', 'た', '。', '[SEP]'
```

そして、この文章が与えられたときに、[MASK] が元々は雪であったということを予測できるように学習を行います。

Next Sentence Prediction

言語タスクのなかには、二つの文章（たとえば文章と質問）が与えられるようなタスクもあります。そこで、BERT が二つの文の関連性を理解できるようにするために、Next Sentence Prediction と呼ばれるタスクを用いています。そのために、事前学習時には BERT には常に二つの文のペアが入力されています。データの 50% は二つめの文が一つめの文に連続する文であり、残りの 50% は二つめの文はランダムに選ばれた文になっています。そして、入力された二つの文が連続したものであるか、そうでないかを判定するタスクを用いて学習を行います。具体的には、特殊トークン [CLS] に対応する BERT の出力を分類器に入力し、二つの文が連続しているかどうかを判定します。

たとえば、ここでは「今日は雪だった。」と「明日も寒い。」という連続する二つの文章を BERT に入力することを考えます。このとき、文章をトークン化すると、

```
'[CLS]', '今日', 'は', '雪', 'だっ', 'た', '。', '[SEP]', '明日', 'も', '寒い',
'。', '[SEP]'
```

のようになります。この場合は 2 文は連続しているので、Next Sentence Prediction のタスクでは、これを入力として受けて、「連続している」を出力できるように学習を行います。また、たとえば「今日は雪だった。」と「まずデータに前処理を行う。」というような無関係の 2 文を入力したときには、Next Sentence Prediction では「連続していない」を出力できるように学習を行います。

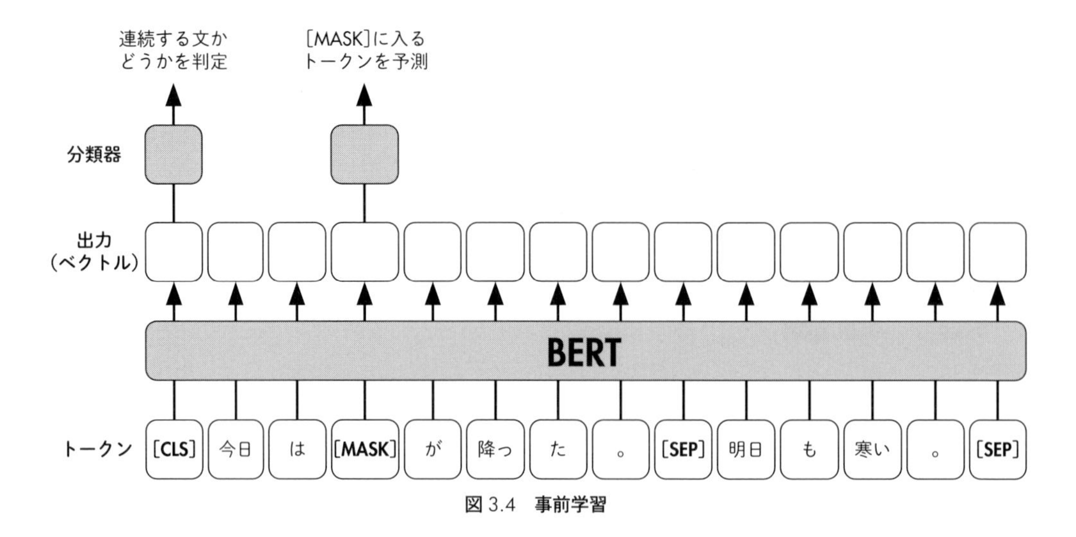

図 3.4　事前学習

以上のマスク付き言語モデルと Next Sentence Prediction の二つのタスクを組み合わせた事前学習は、図 3.4 のようにまとめられます。

また、事前学習には大量のデータが必要で、学習に長い時間がかかるので*[2]、本書では実際に事前学習を行うということはしません。日本語の事前モデルはいくつか公開されており、本書では公開されたモデルを用います。

2 ファインチューニング

ファインチューニングでは、個別のタスクのラベル付きデータから、BERT がそのタスクに特化するように学習を行います。BERT で個別のタスクを解くためには、タスク内容に応じて BERT に新しい分類器などを接続するなどして、タスクに特化したモデルを作ります。つまり、言語タスクにおいて、BERT は特徴抽出器のような働きをします。このように、BERT の出力を分類器などに接続するだけで、精度の高いモデルを構築できるという点も BERT の長所の一つです。具体的に個別のタスクでどのようなモデルを用いるかということについては、以降の章で実際に個別のタスクを扱いながら解説していきます。

ファインチューニングを行うときには、モデルのパラメータの初期値として、BERT のパラメータは事前学習で得られたパラメータを用い、新たに加えられた分類器のパラメータにはランダムな値を与えます。そして、ラベル付きデータを用いて、BERT と分類器の両方のパラメータを学習します。事前学習で得られたパラメータを初期値として使うことで、比較的少数の学習データからでも高い性能のモデルを得ることができます。一般にラベル付きデータを作るのには

*[2] 学習に用いるシステムのスペックにもよりますが、数日から数週間程度かかります。

コストがかかるため、このことは実用上とても大きなメリットとなります。

ファインチューニングと似た学習方法として、BERTのパラメータは事前学習で得られた値に固定しておいて、分類器のみ学習を行うという方法があります。ELMoではこの方法がとられました。しかしながら、BERTを用いた実験では、ファインチューニングのほうがモデルの性能が良くなる傾向があることがわかっています。これは、BERTのパラメータも学習することで、個別のタスクに応じた適切な特徴量を抽出できるようになるからです。

・第3章のまとめ

本章では、BERTのモデルの構造や、事前学習やファインチューニングといった学習をどのように行うかについて解説しました。以下の章では、さまざまなタスクを用いて、BERTのファインチューニングや性能の評価を実際に行います。

・第3章の参考文献

[1]Jacob Devlin, Ming-Wei Chang, Kenton Lee, & Kristina Toutanova. "BERT : Pre-training of Deep Bidirectional Transformers for Language Understanding", NAACL-HLT, 2019.
[2]Ashish Vaswani, et al. "Attention is All You Need", NeurIPS, 2017.

第4章

Huggingface Transformers

本章から実際に BERT を動かしていきます。まずは、BERT を用いて自然言語処理のタスクを解くための準備として、計算環境の説明や利用するライブラリについての導入を行います。本書では BERT で処理を行うために、Huggingface 社が開発する Transformers というライブラリを用います。そのため、本章ではおもに Transformers を使ったことのない読者を想定し、Transformers の BERT の基本的な使い方を詳しく解説します。

・第 4 章の目標

- **Transformers の基本的な使い方を理解する。**

4-1　計算環境：Google Colaboratory

本書では、計算環境として **Google Colaboratory**（https://colab.research.google.com）を用いることを想定しています。Colaboratory を使うメリットとして、以下のことが挙げられます。

- 自分のパソコン上にプログラムの実行環境がなくても、ブラウザから Python の計算環境が無料で利用できる。
- Python や科学技術計算に必要なライブラリが最初からインストールされており、環境構築にほとんど手間がかからない。
- **GPU**[*1] などのニューラルネットワークの学習に欠かせないハードウェアが使える。

本書では BERT の処理は GPU で行いますので、GPU を使えるように Colaboratory を設定してください。Colaboratory を使ったことがない読者は、まず付録 B を読んでください。

Colaboratory では、処理を行っていない時間が一定以上続くと、それまでに作成したファイルなどは削除されてしまいます。ファイルを保存しておきたい場合には、Google Drive に保存することが可能です。そのための方法についても、付録 B を参考にしてください。

Python のコードでは、多くの場合はインデントは半角スペース四つとなっていますが、本書ではスペースの関係上、半角スペース二つになっています。また、本書にはコードの出力の例を載せていますが、見やすいように整形されていたり、長い出力は省略されていたりします。また、処理の途中に確率的な処理（初期値にランダムな値を割り当てたり、データをランダムにシャッフルしたり）が含まれている場合には、出力例と同一のデータや数値が表示されませんので、ご注意ください。

---

*1　GPU は画像処理のために開発されたプロセッサですが、並列処理を得意としており、行列演算を高速で行うことができます。

4-2 配布コードの形式と URL

本書に載っているコードは、GitHub のレポジトリに Jupyter Notebook 形式でまとめてあります。もしコードにバグが見つかった場合には、レポジトリの Notebook が更新されます。GitHub のレポジトリの URL は次のとおりです。

- https://github.com/stockmarkteam/bert-book/

本章の Notebook はレポジトリにある Chapter4.ipynb のファイルです。このファイルを Google Drive 上にアップロードしファイルを開くか、または次の URL にアクセスしてください。

- https://colab.research.google.com/github/stockmarkteam/bert-book/blob/master/Chapter4.ipynb

4-3 ライブラリのインストールと読み込み

本書では、Facebook が開発した深層学習のフレームワークである **PyTorch** を用いて、BERT のファインチューニングや推論を行います。PyTorch は、直感的なコーディングが可能であることや、ネットワークモデルの構築が容易であるといった特徴があります。PyTorch は Colaboratory に最初からインストールされているので、とくにセットアップは必要ありません。Colaboratory 以外の環境を用いる読者は、各自、PyTorch をインストールしてください（本書のコードの実行には PyTorch のバージョン 1.8.1 を用いました）。

本章では、Colaboratory に標準でインストールされているライブラリに加えて、次のライブラリを用います。

- **Transformers**
- **Fugashi**
- **ipadic**

それぞれのライブラリの詳細はのちほど解説しますが、Transformers はニューラル言語モデルのライブラリ、Fugashi は日本語の形態素解析ツールの MeCab を Python から使えるようにしたもの、ipadic は Mecab で形態素解析を行う際に用いる辞書です。

Python の外部ライブラリは `pip` というコマンドでインストールが可能です。また Colaboratory では最初に`!`を付けることで、システムコマンドの実行が可能であり、以下のようなコマンドでライブラリのインストールが行えます。

```
# 4-1
!pip install transformers==4.5.0 fugashi==1.1.0 ipadic==1.0.0
```

本章で必要となるライブラリも、ここで読み込んでおきましょう。それぞれのライブラリの詳細は、以降で解説します。

```
# 4-2
import torch
from transformers import BertJapaneseTokenizer, BertModel
```

4-4 Transformers

Transformers はHuggingface社が提供しているオープンソースのライブラリであり、BERTをはじめとするさまざまなニューラルネットワークを用いた言語モデルが実装されています。ニューラル言語モデルを一から実装するのは、非常に手間がかかることです。そのため、実際上は、Transformersのようなすでに実装されたモデルを提供するライブラリがたびたび使われます。

また、Transformersでは、さまざまなモデルのさまざまな言語の事前学習モデルが利用可能になっていることも特徴の一つとして挙げられます。そのなかには日本語のモデルもあり、本書では東北大学の研究チームによって作成されたBERTの日本語の事前学習モデルを用います。このモデルは、Wikipediaの日本語記事のデータを用いて学習されています。この日本語のモデルは`cl-tohoku/bert-base-japanese-whole-word-masking`という名前が付いており、この名前を指定することでモデルが利用できます。また、以下ではとくに言及なく「**日本語モデル**」と言ったときには、この東北大学の作成したBERTの事前学習モデルを指すものとします。

以下では、このBERTの日本語モデルを用いて、Transformersの使い方を解説します。BERTを用いた処理は、典型的には以下のような二つのステップに分かれています。

- トークナイザを用いて、文章をトークン化して、BERTに入力できるような形にする。
- 上で処理したデータをBERTに入力し、出力を得る。

そこで、まずBERTの日本語モデルで提供されているトークナイザの使い方について解説し、そのあとにBERTの使い方を解説します。

トークナイザ

トークナイザは、文章をトークンに分割し、BERTに入力できる形に変換するために使います。BERTの日本語モデルのためのトークナイザは、このためのクラス`BertJapaneseTokenizer`の関数`from_pretrained`にモデルの名前を入力することで、学習済みのトークナイザをロードすることができます。

```
# 4-3
model_name = 'cl-tohoku/bert-base-japanese-whole-word-masking'
tokenizer = BertJapaneseTokenizer.from_pretrained(model_name)
```

BERTの日本語モデルのトークナイザは、以下の流れでトークン化を行います。

1. MeCabを用いて単語に分割する。
2. WordPieceを用いて単語をトークンに分割する。

とくに指定しなければ、MeCabの辞書としてはipadicが用いられます。WordPieceは語彙に含まれているトークンで単語を分割します。この語彙は`tokenizer.vocab`からアクセスできます。日本語モデルでは語彙は32,000のトークンを含んでおり、表4.1のようになっています。

表4.1 日本語モデルの語彙

ID	トークン
0	[PAD]
1	[UNK]
2	[CLS]
3	[SEP]
4	[MASK]
5	の
6	、
7	に
8	。
9	は
…	…

BERTにトークンを入力するときには、トークンそのものではなく、トークンをユニークな数字に置き換えたIDが用いられます。

では実際に、「明日は自然言語処理の勉強をしよう。」という文をトークン化してみましょう。このために、関数tokenize()を使います。この関数は文章を入力すると、トークンのリストを出力します。

```
# 4-4
tokenizer.tokenize('明日は自然言語処理の勉強をしよう。')
```

```
['明日', 'は', '自然', '言語', '処理', 'の', '勉強', 'を', 'しよ', 'う', '。']
```

次に、「明日はマシンラーニングの勉強をしよう。」という例文を試してみましょう。

```
# 4-5
tokenizer.tokenize('明日はマシンラーニングの勉強をしよう。')
```

```
['明日', 'は', 'マシン', '##ラー', '##ニング', 'の', '勉強', 'を', 'しよ', 'う', '。']
```

この例では、いくつかのトークンの先頭に##の記号が付いていることがわかります。この##の記号は、単語がWordPieceによってサブワードに分割されたときに、単語の一番最初以外のトークンに付与されます。この例では、単語「マシンラーニング」がWordPieceにより「マシン」「ラー」「ニング」の三つのサブワードに分割され、先頭以外の「ラー」と「ニング」に##の記号が付きました。

最後に、「機械学習を中国語にすると机器学习だ。」という例を試してみましょう。

```
# 4-6
tokenizer.tokenize('機械学習を中国語にすると机器学习だ。')
```

```
['機械', '学習', 'を', '中国', '語', 'に', 'する', 'と', '机', '器', '学',
'[UNK]', 'だ', '。']
```

この例では、出力に[UNK]というもとの文に含まれていないトークンが含まれていることがわかります。[UNK]は未知語を表す特殊トークンであり、単語がWordPieceの語彙に含まれていない文字列を含んでいる場合には、[UNK]というトークンに変換されます。

これまで、関数tokenizeを用いて文章をトークン化する方法について解説してきました。しかし、実際にトークンをBERTに入力する際には、トークンそのものではなく、トークンのIDを用います。文章をトークン化し、それぞれのトークンをIDに変換する処理を、以降は「符号化」と呼ぶことにします。「トークン化」と「符号化」の違いは出力がトークン列かID列かの違いです。文章を符号化するためには、関数encode()を使い、文章を入力するとID列をリストとして出力します。

```
# 4-7
input_ids = tokenizer.encode('明日は自然言語処理の勉強をしよう。')
print(input_ids)
```

```
[2, 11475, 9, 1757, 1882, 2762, 5, 8192, 11, 2132, 205, 8, 3]
```

関数 encode()は、BERT に入力できるようにするために、トークン列の先頭に［CLS］、末尾に［SEP］の特殊トークンをデフォルトで足すようになっています。ID 列をトークン列に変換する関数 convert_ids_to_tokens()を用いると、実際にこのことがわかります。

```
# 4-8
tokenizer.convert_ids_to_tokens(input_ids)
```

```
['[CLS]', '明日', 'は', '自然', '言語', '処理', 'の', '勉強', 'を', 'しよ',
'う', '。', '[SEP]']
```

BERT でデータを処理するときには、多くの場合に複数の文章をまとめて処理します。複数の文章をまとめて処理する際には、以下のような処理を追加で行う必要があります。

まず、それぞれのトークン列の長さ（**系列長**）を同じに揃える必要があります。このときに、系列長が揃える長さよりも短ければ、トークン列の末尾に特殊トークン［PAD］を必要な数だけ足します。逆に、系列長が揃える長さよりも長ければ、必要な数だけ末尾のトークンを取り除きます。

上の処理で追加される特殊トークン［PAD］は、本来の処理とは関係ないものです。そのため、トークン列のどの部分に Attention をかけるかを表す attention_mask も用意しておく必要があります。

以下のように、BertForJapaneseTokenizer のインスタンスの tokenizer を関数として呼び出すことで、このような処理を行えます。

```
# 4-9
text = '明日の天気は晴れだ。'
encoding = tokenizer(
  text, max_length=12, padding='max_length', truncation=True
)
print('# encoding:')
print(encoding)

tokens = tokenizer.convert_ids_to_tokens(encoding['input_ids'])
print('# tokens:')
print(tokens)
```

```
# 出力はわかりやすいように整形されていたり、コメントが入っており、
# 必ずしも同一のものが表示されるわけではありません。
# encoding :
{
      'input_ids' :[2, 11475, 5, 11385, 9, 16577, 75, 8, 3, 0, 0, 0],
      'token_type_ids' :[0, 0, 0, 0, 0, 0, 0, 0, 0, 0, 0, 0],
      'attention_mask' :[1, 1, 1, 1, 1, 1, 1, 1, 1, 0, 0, 0]
}
# tokens :
['[CLS]', '明日', 'の', '天気', 'は', '晴れ', 'だ', '。', '[SEP]', '[PAD]',
'[PAD]', '[PAD]']
```

ここで、引数のmax_lengthは、特殊トークンを含めた最終的なID列の長さを指定するものです。引数にpadding="max_length" とtruncation=Trueが与えられると、ID列の長さがmax_lengthに調整されます。

出力encodingは辞書形式で与えられ、そのなかのinput_idsがトークンのIDの列です。ID列をトークン列に戻すと(tokens)、末尾に特殊トークン［PAD］が追加され、系列長が指定された12になっていることがわかります。attention_maskはinput_idsと同じ長さの配列で、［PAD］の位置では0に、それ以外のトークンの位置では1になっています。token_type_idsは本書の使用例では特別な意味を持つことはありませんが、二つの文章のペアを入力するときに、それぞれの文章を区別するために用いられます。

次に、max_length=6に変えたものを試してみましょう。

```
# 4-10
encoding = tokenizer(
  text, max_length=6, padding='max_length', truncation=True
)
tokens = tokenizer.convert_ids_to_tokens(encoding['input_ids'])
print(tokens)
```

```
['[CLS]', '明日', 'の', '天気', 'は', '[SEP]']
```

この場合は、末尾のいくつかのトークンが取り除かれて、系列長が6になっていることがわかります。このようにして、トークナイザは長さを揃える処理を行います。また、max_length、padding、truncationを関数に入力しないときは、長さを揃える処理は行われず、同じ形式でencodingが出力されます。

これまでは単一の文章をトークナイザに入力しましたが、以下のように入力として文章のリストを与えることで、複数の文章をまとめて処理することもできます。

```
# 4-11
text_list = ['明日の天気は晴れだ。','パソコンが急に動かなくなった。']
```

```
tokenizer(
  text_list, max_length=10, padding='max_length', truncation=True
)
```

```
{
        'input_ids' : [
          [2, 11475, 5, 11385, 9, 16577, 75, 8, 3, 0],
          [2, 6311, 14, 1132, 7,16084, 332, 58, 10, 3]
        ],
        ...
}
```

このときには、出力のそれぞれの項目はリストであり、それぞれの文章を符号化したときの出力を結合したものになります。

また、文章のリストのなかで長さが最大のものに系列長を揃えたいときには、`padding=longest` とします。

```
# 4-12
tokenizer(text_list, padding='longest')
```

```
{
        'input_ids' : [
          [2, 11475, 5, 11385, 9, 16577, 75, 8, 3, 0, 0],
          [2,  6311, 14,  1132, 7,  16084,  332, 58, 10, 8, 3]
        ],
        ...
}
```

Transformers の BERT に入力するときには、それぞれの数値配列は PyTorch の多次元配列を扱うための型である `torch.Tensor` にしておく必要があります。符号化するときに `return_tensors='pt'` という引数を加えると、数値配列がテンソルとして出力され、BERT にそのまま入力することができます[*2]。

```
# 4-13
tokenizer(
  text_list,
  max_length=10,
  padding='max_length',
  truncation=True,
  return_tensors='pt'
)
```

[*2] 単一の文章を入力するとき、`return_tensors='pt'` を与えない場合は符号化された ID 列が 1 次元の数値配列として出力されますが、`return_tensors='pt'` を指定した場合には、2 次元のテンソルが出力されることに注意が必要です。これは、BERT が 2 次元のテンソルを入力として受け入れるからです。

```
{
    'input_ids' : tensor([
        [2, 11475, 5, 11385, 9, 16577, 75, 8, 3, 0],
        [2, 6311, 14, 1132, 7, 16084, 332, 58, 10, 3]
    ]),
    ...
}
```

tensor()は、これがtorch.Tensorであることを表しています。

2 BERTモデル

前項では、Transformersのトークナイザを用いて文章をトークン化、もしくは符号化する方法について解説しました。ここでは、符号化されたデータをBERTに入力し、それぞれのトークンに対する出力（ベクトル）を得る方法について解説します。

Transformersでは、このためのクラスBertModelがあります。実はTransformersでは、個別の言語タスクに特化したモデルがいくつか提供されています。そのため個別の言語タスクを扱う場合に、BertModelを使うことは多くありません。しかし、入出力関係はそれらのモデルで似ているところがあるので、ここではBertModelを用いて使い方の解説を行います。また、Transformersで実装されていないような言語タスクを扱う際には、そのためのモデルをBertModelを用いて実装する必要があり、そのような例は第7章で扱います。

日本語モデルは、次のようにしてロードすることができます。ここでは、BERTをGPUに載せておきます。

```
# 4-14
# モデルのロード
model_name = 'cl-tohoku/bert-base-japanese-whole-word-masking'
bert = BertModel.from_pretrained(model_name)

# BERTをGPUに載せる
bert = bert.cuda()
```

モデルの概要は、bert.configからわかります。

```
# 4-15
print(bert.config)
```

```
BertConfig{
  "_name_or_path" : " cl-tohoku/bert-base-japanese-whole-word-masking",
  "architectures" :[
  "BertForMaskedLM"
  ],
  "attention_probs_dropout_prob" : 0.1,
  "gradient_checkpointing" : false,
  "hidden_act" : "gelu",
  "hidden_dropout_prob" : 0.1,
  "hidden_size" : 768,
  "initializer_range" : 0.02,
  "intermediate_size" : 3072,
  "layer_norm_eps" : 1e-12,
  "max_position_embeddings" : 512,
  "model_type" : "bert",
  "num_attention_heads" : 12,
  "num_hidden_layers" : 12,
  "pad_token_id" : 0,
  "tokenizer_class" : "BertJapaneseTokenizer",
  "type_vocab_size" : 2,
  "vocab_size" : 32000
}
```

おもな情報は以下のとおりです。

- **num_hidden_layers**：レイヤー数は 12。
- **hidden_size**：BERT の出力は 768 次元。
- **max_position_embeddings**：最大で入力できるトークン列の長さは 512。

また、このモデルのパラメータ数は、1 億 1 千万程度となっています。

`BertModel` では、符号化された文章を入力することで、BERT の最終層の出力を得ることができます。ここでは、例として二つの文章をまとめて処理します。

以下では、まとめて処理する文章の数のことを**バッチサイズ**と呼びます。この場合のバッチサイズは 2 です。`BertModel` では、インスタンス `bert` を関数として呼び出すことができます。このとき、BERT は GPU に載っているので、データも GPU に載せておく必要があります。

```
# 4-16
text_list = [
  '明日は自然言語処理の勉強をしよう。',
  '明日はマシーンラーニングの勉強をしよう。'
]

# 文章の符号化
encoding = tokenizer(
  text_list,
  max_length=32,
  padding='max_length',
  truncation=True,
  return_tensors='pt'
)

# データをGPUに載せる
encoding = { k: v.cuda() for k, v in encoding.items() }

# BERTでの処理
output = bert(**encoding) # それぞれの入力は2次元のtorch.Tensor
last_hidden_state = output.last_hidden_state # 最終層の出力
```

bert(**encoding)は、辞書であるencodingの中身を展開して関数に入力することを表しており、下のコードと同一ですが、上の書き方のほうが短くコードを書けるので、本書ではこちらの記法を用います。

```
# 4-17
output = bert(
  input_ids=encoding['input_ids'],
  attention_mask=encoding['attention_mask'],
  token_type_ids=encoding['token_type_ids']
)
```

また、トークン列が［PAD］を含まない場合には、input_idsのみを入力しても同じ出力が返されます。

出力outputにはさまざまな情報が含まれていますが、ここで興味はあるのはBERTの最終層の出力で、これは属性last_hidden_stateからテンソルとして得ることができます。

```
# 4-18
print(last_hidden_state.size()) #テンソルのサイズ
```

```
torch. Size([2, 32, 768])
```

ここで、一般の場合には`BertModel`の入出力関係は図4.1のようにまとめられます。`last_hidden_state`は3次元配列で、サイズは(バッチサイズ，系列長，隠れ状態の次元)です。上の場合は、バッチサイズは2、系列長は32、隠れ状態の次元は768なので、上のような結果になっています。「i番目の文章に含まれる、j番目のトークン」に対するBERTの最終層の出力は、`last_hidden_state[i, j]`の1次元配列で与えられ、これが該当するトークンの分散表現を与えます。

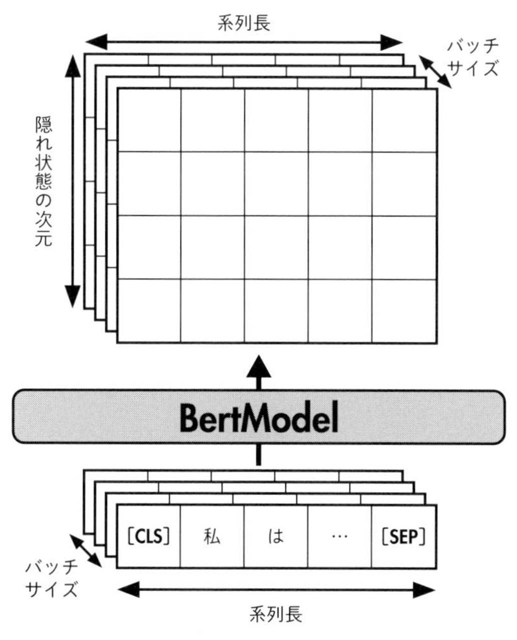

図4.1 `BertModel` **の入出力関係**

また、BERTで推論のみを行うときには、次のようにBERTの処理を`torch.no_grad()`で囲むようにしましょう。こうすることで計算の途中経過が保存されなくなり、メモリや計算時間を減らすことができます。

```
# 4-19
with torch.no_grad():
    output = bert(**encoding)
    last_hidden_state = output.last_hidden_state
```

BERTはGPUで処理を行っているため、その出力last_hidden_stateもGPUに配置されています。実際上は、これをCPUに移したり、それをさらにnumpy.ndarrayやリストに変換することがあります。それらの処理は、以下のようにして行えます。

```
# 4-20
last_hidden_state = last_hidden_state.cpu() # CPUに移す
last_hidden_state = last_hidden_state.numpy() # numpy.ndarrayに変換
last_hidden_state = last_hidden_state.tolist() # リストに変換
```

これでBertModelの解説は終わりです。BertModelの入出力関係のイメージを掴んでおくと、以降のモデルの入出力関係も理解しやすくなるでしょう。

・第4章のまとめ

この章では、Transformersの基本的な使い方の解説を行いました。次章以降でもTransformersを用いてBERTを動かすので、ここでTransformersの基本的な使い方を習得しておきましょう。

第 5 章

文章の穴埋め

BERTは、「文章の一部のトークンを特殊トークン[MASK]に変換したものを入力として与え、[MASK]に入るトークンはなにかを予測する」というというタスクを用いて、事前学習を行います。これがBERTがマスク付き言語モデルと呼ばれる所以です。そのため、事前学習後のBERTは、一部が除かれた文章の穴埋めを行うことができます。本章では、実際にBERTで文章の穴埋めを行います。

・第5章の目標

- **文章の穴埋めの方法を理解する。**
- **BERTを用いた文章の穴埋めを実装する。**

5-1 コード・ライブラリの準備

本章のNotebookは、レポジトリにあるChapter5.ipynbのファイルです。このファイルをGoogle Drive上にアップロードしファイルを開くか、または次のURLにアクセスしてください。

- https://colab.research.google.com/github/stockmarkteam/bert-book/blob/master/Chapter5.ipynb

また、必要な外部ライブラリのインストールと、必要なライブラリの読み込みも行っておきましょう。

```
# 5-1
!pip install transformers==4.5.0 fugashi==1.1.0 ipadic==1.0.0
```

```
# 5-2
import numpy as np
import torch
from transformers import BertJapaneseTokenizer, BertForMaskedLM
```

5-2 BERTを用いた文章の穴埋め

文章の穴埋めを行うために、Transformersで提供されているクラス **BertForMaskedLM** を用います。まず、トークナイザとモデルをロードしましょう。モデルはGPUに載せておきます。

```
# 5-3
model_name = 'cl-tohoku/bert-base-japanese-whole-word-masking'
tokenizer = BertJapaneseTokenizer.from_pretrained(model_name)
bert_mlm = BertForMaskedLM.from_pretrained(model_name)
bert_mlm = bert_mlm.cuda()
```

BERTを使って穴埋めを行うには、まず文章の一部を特殊トークン[MASK]に置き換えたものを用意します。ここでは、

今日は[MASK]へ行く。

という文を考えます。この文をトークン化すると、

```
# 5-4
text = '今日は[MASK]へ行く。'
tokens = tokenizer.tokenize(text)
print(tokens)
```

```
['今日', 'は', '[MASK]', 'へ', '行く', '。']
```

のように分割されます。BertForMaskedLMは、特殊トークン[MASK]に入るトークンを語彙のなかから予測します。BertForMaskedLMには、BertModelと同様に符号化された文章を入力します。

```
# 5-5
# 文章を符号化し、GPUに配置する
input_ids = tokenizer.encode(text, return_tensors='pt')
input_ids = input_ids.cuda()

# BERTに入力し、分類スコアを得る
# 系列長を揃える必要がないので、単にinput_idsのみを入力する
with torch.no_grad():
  output = bert_mlm(input_ids=input_ids)
  scores = output.logits
```

出力の属性 logits として、語彙に含まれる各トークンの分類スコアを表すテンソル scores が得られます。一般に BertForMaskedLM の入出力関係は図 5.1 のようにまとめられ、scores は 3 次元配列で、サイズは(バッチサイズ，系列長，語彙のサイズ)です。

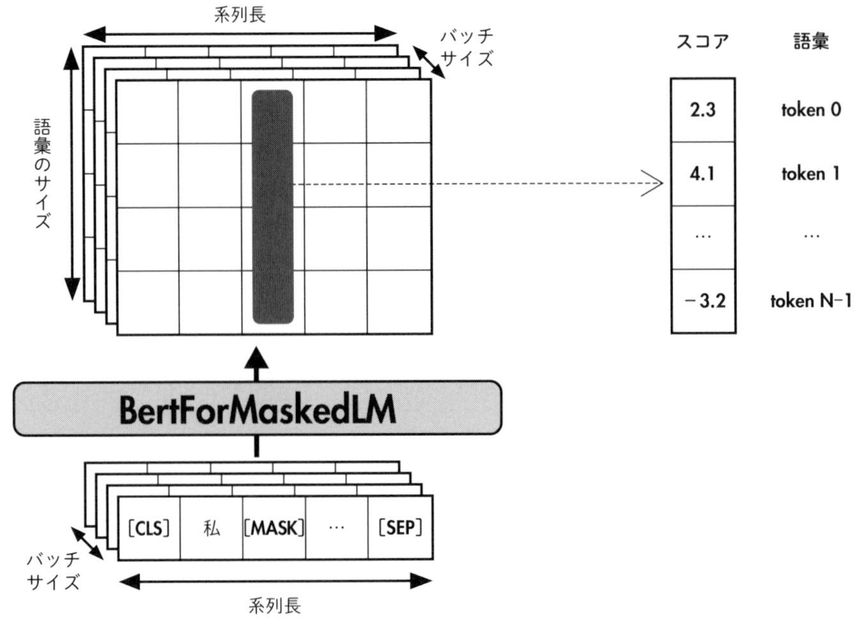

図 5.1　BertForMaskedLM の入出力関係

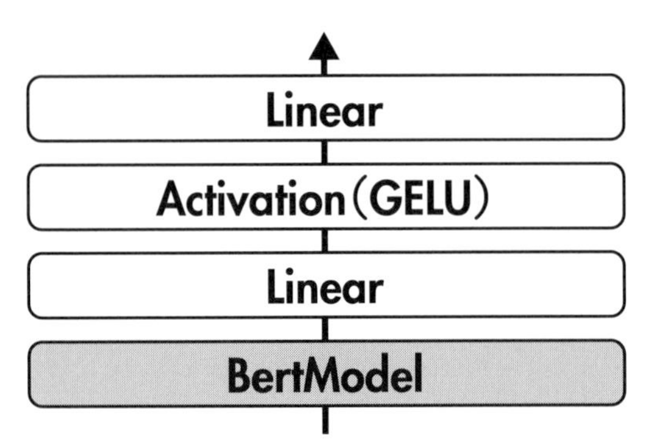

図 5.2　BertForMaskedLM の実装

ここでBertForMaskedLMがどのように実装されているのかも説明しておきます（図5.2）。BertForMaskedLMはBertModelから得られる最終レイヤーの出力に対して、線形変換、GELU関数、線形変換を適用して、分類スコアを計算しています（簡単のため、正規化や正則化の層は除いています）。これらのモデルのパラメータは、事前学習によって得られたものが用いられています。

scoresから［MASK］に入るトークンを予測するには、次のようにします。ここでは、i番目の文章の［MASK］の穴埋めをするとします。まず、トークン列のなかで［MASK］のトークンがどこにあるかを調べます。［MASK］のトークンIDは4なので、ID列から値が4の要素のインデックスを調べればよく、これを仮にjとします。ここでscores[i, j]は、サイズが32,000（語彙のサイズ）の1次元配列で（図5.1の例では灰色の部分に対応）、各要素が語彙のそれぞれのトークンに対する分類スコアを表しています。つまり、k番目の要素の値scores[i, j, k]は、IDがkのトークンのスコアを表しています。スコアの値が高いほど予測の確度が高いことを意味しており、スコアが高いトークンで［MASK］を穴埋めすれば、自然な文章になると期待されます。ここで、［MASK］をスコアが最も高いトークンで置き換えてみましょう。

```
# 5-6
# ID列で'[MASK]'(IDは4)の位置を調べる
mask_position = input_ids[0].tolist().index(4)

# スコアが最も良いトークンのIDを取り出し、トークンに変換する
id_best = scores[0, mask_position].argmax(-1).item()
token_best = tokenizer.convert_ids_to_tokens(id_best)
token_best = token_best.replace('##', '')

# [MASK]を上で求めたトークンで置き換える
text = text.replace('[MASK]',token_best)

print(text)
```

```
今日は東京へ行く。
```

穴埋めが行われて、自然な文章が出力されていることがわかります。

次に、［MASK］をスコアが最も高いトークンだけでなく、上位10位のトークンに置き換えた結果も調べてみましょう。

```
# 5-7
def predict_mask_topk(text, tokenizer, bert_mlm, num_topk):
  """
  文章中の最初の[MASK]をスコアの上位のトークンに置き換える
  上位何位まで使うかは、num_topk で指定
  出力は穴埋めされた文章のリストと、置き換えられたトークンのスコアのリスト
  """
  # 文章を符号化し、BERT で分類スコアを得る
  input_ids = tokenizer.encode(text, return_tensors='pt')
  input_ids = input_ids.cuda()
  with torch.no_grad():
    output = bert_mlm(input_ids=input_ids)
  scores = output.logits

  # スコアが上位のトークンとスコアを求める
  mask_position = input_ids[0].tolist().index(4)
  topk = scores[0, mask_position].topk(num_topk)
  ids_topk = topk.indices # トークンの ID
  tokens_topk = tokenizer.convert_ids_to_tokens(ids_topk) # トークン
  scores_topk = topk.values.cpu().numpy() # スコア

  # 文章中の[MASK]を上で求めたトークンで置き換える
  text_topk = [] # 穴埋めされたテキストを追加する
  for token in tokens_topk:
    token = token.replace('##', '')
    text_topk.append(text.replace('[MASK]', token, 1))

  return text_topk, scores_topk

text = '今日は[MASK]へ行く。'
text_topk, _ = predict_mask_topk(text, tokenizer, bert_mlm, 10)
print(*text_topk, sep='\n')
```

```
今日は東京へ行く。
今日はハワイへ行く。
今日は学校へ行く。
今日はニューヨークへ行く。
今日はどこへ行く。
今日は空港へ行く。
今日はアメリカへ行く。
今日は病院へ行く。
今日はそこへ行く。
今日はロンドンへ行く。
```

おおむね自然な文章が出力されていることがわかります。

上で作成したpredict_mask_topkの関数は、以下でも用いるので簡単に説明をしておきます。この関数は、[MASK]を含む文章に対して、スコアが上位のトークンで[MASK]を置き換えます。そして、置き換えられた文章と、穴埋めに使ったトークンのスコアを出力します。上位いくつまでのトークンを用いるかは、num_topkで指定します。文章が複数の[MASK]を含む場合には、最初の[MASK]のみに穴埋めを行います。

上の例では[MASK]が一つのみの場合を考えましたが、複数の[MASK]が存在しているような状況を考えることもできます。たとえば、次のような例を考えてみましょう。

今日は[MASK][MASK]へ行く。

ただし、[MASK]一つに対して32,000通りの候補があるため、[MASK]が二つの場合には$32{,}000^2$通りの組み合わせの候補が存在します。このような膨大な数の組み合わせをすべて調べるのは現実ではなく、近似的な方法を用いることが一般的です。

そのためのナイーブな方法として、**貪欲法**があります。貪欲法では、まず一番最初にある[MASK]を最も高いスコアを持つトークンで穴埋めします。そして、穴埋め後の文章に対して、次の[MASK]を同様に穴埋めしていく、という処理を繰り返します。これは次のようなコードで実行できます。

```
# 5-8
def greedy_prediction(text, tokenizer, bert_mlm):
    """
    [MASK]を含む文章を入力として、貪欲法で穴埋めを行った文章を出力する
    """
    # 前から順に[MASK]を一つづつ、スコアの最も高いトークンに置き換える
    for _ in range(text.count('[MASK]')):
        text = predict_mask_topk(text, tokenizer, bert_mlm, 1)[0][0]
    return text

text = '今日は[MASK][MASK]へ行く。'
greedy_prediction(text, tokenizer, bert_mlm)
```

```
今日は、東京へ行く。
```

この場合にも、自然な文章が出力されていることがわかります。

このように、BERTでは［MASK］の穴埋めを利用して、ある種の文章生成ができます。しかしながら、BERTは文章を前から順番に生成するというような、自然言語処理でよくある文章生成は得意ではありません。たとえば、

今日は［MASK］［MASK］［MASK］［MASK］［MASK］

という文字列に対して同じコードで穴埋めを行ってみましょう。

```
# 5-9
text = '今日は[MASK][MASK][MASK][MASK][MASK]'
greedy_prediction(text, tokenizer, bert_mlm)
```

```
今日は社会社会的な地位
```

このように文章の大部分が［MASK］であると、意味のある文章は出力されません。これは、BERTは事前学習で文章のうちごく一部のトークンのみを［MASK］に置き換えて、周りの文脈からもとのトークンを予測するというタスクを用いているからであり、上の例のように大部分のトークンが［MASK］で、それを予測するという状況は学習していないからです。文章を前から順番に生成するには、事前学習において現在までのトークンから次のトークンを予測するというタスクを用いる必要があります。実際に、GPTと呼ばれる文章生成に強みを持つモデルは、このような方式で事前学習を行っています。

また、貪欲法では前から順番に［MASK］をスコアが最も高いトークンで置き換えますが、最終的に合計スコアが高いものが出力される保証はありません。より性能の良い近似手法として**ビームサーチ**と呼ばれる方法があります。また、ビームサーチは複数の文章を出力することもできます。

ビームサーチでは、［MASK］を含む文章が与えられたときに、まず一つめの［MASK］をたとえばスコアが上位10のトークンで置き換えた10の文章を作ります。そして、次は得られた10の文章のそれぞれに対して、次の［MASK］を、また上位10のトークンで置き換えた10の文章を作ります。これにより、二つの［MASK］が穴埋めされた100の文章が得られます。このなかから合計スコアの高い10の文章を選び出します。ここで合計スコアは、それまでに穴埋めされたトークンのスコアを合計したものです。そのあとは、この10の文章の次の［MASK］に対して同じ処理を繰り返します。

ビームサーチでは、このように、［MASK］を一つ穴埋めするたびに合計スコアの高い10の文章を候補として残しておき、それをもとに次の［MASK］の穴埋めを行い、また合計スコアの高い10の文章の候補を得るということを繰り返します。ビームサーチは、次のようなコードとして実装されます。

```
# 5-10
def beam_search(text, tokenizer, bert_mlm, num_topk):
  """
  ビームサーチで文章の穴埋めを行う
  """
  num_mask = text.count('[MASK]')
  text_topk = [text]
  scores_topk = np.array([0])
  for _ in range(num_mask):
    # 現在得られている、それぞれの文章に対して、
    # 最初の[MASK]をスコアが上位のトークンで穴埋めする
    text_candidates = [] # それぞれの文章を穴埋めした結果を追加する
    score_candidates = [] # 穴埋めに使ったトークンのスコアを追加する
    for text_mask, score in zip(text_topk, scores_topk):
      text_topk_inner, scores_topk_inner = predict_mask_topk(
        text_mask, tokenizer, bert_mlm, num_topk
      )
      text_candidates.extend(text_topk_inner)
      score_candidates.append( score + scores_topk_inner )

    # 穴埋めにより生成された文章のなかから合計スコアの高いものを選ぶ
    score_candidates = np.hstack(score_candidates)
    idx_list = score_candidates.argsort()[::-1][:num_topk]
    text_topk = [ text_candidates[idx] for idx in idx_list ]
    scores_topk = score_candidates[idx_list]

  return text_topk

text = "今日は[MASK][MASK]へ行く。"
text_topk = beam_search(text, tokenizer, bert_mlm, 10)
print(*text_topk, sep='\n')
```

```
今日はお台場へ行く。
今日はお祭りへ行く。
今日はゲームセンターへ行く。
今日はお風呂へ行く。
今日はゲームショップへ行く。
今日は東京ディズニーランドへ行く。
今日はお店へ行く。
今日は同じ場所へ行く。
今日はあの場所へ行く。
今日は同じ学校へ行く。
```

この例では、貪欲法と同じく自然な文章が出力され、バリエーションにも富んでいます。

```
# 5-11
text = '今日は[MASK][MASK][MASK][MASK][MASK]'
text_topk = beam_search(text, tokenizer, bert_mlm, 10)
print(*text_topk, sep='\n')
```

```
今日は社会社会学会所属。
今日は社会社会学会会長。
今日は社会社会に属する。
今日は時代社会に属する。
今日は社会社会学会理事。
今日は時代社会にあたる。
今日は社会社会にある。
今日は社会社会学会会員。
今日は時代社会にある。
今日は社会社会になる。
```

文章中に［MASK］が多い場合には、貪欲法と同じく自然な文章は出力されません。

・第5章のまとめ

本章ではBERTを用いて文章の穴埋めを行いました。この章で、Transformersの基本的な使い方の解説は終わりです。次章以降は、データからBERTをファインチューニングし、それを用いて自然言語のタスクを解いていきます。

第6章

文章分類

　ここからは、言語タスクを解くために「実際にデータを用いてBERTのファインチューニングを行い、その性能を評価する」というデータ解析の一連の流れを行っていきます。
　本章では、livedoorニュースコーパスというデータセットを用いて、文章を与えられたカテゴリーに分類する「**文章分類**」を扱います。また、本書ではBERTのファインチューニングと性能の評価を効率的に行うために、PyTorch Lightningというライブラリを用いるので、本章ではPyTorch Lightningの使い方を詳しく解説します。PyTorch Lightningに馴染みのない読者は本章で習得しましょう。また、ニューラルネットワークの学習に馴染みのない読者は、付録Aを適宜参考にしてください。

• 第6章の目標

- **BERTによる文章分類の方法を理解する。**
- **PyTorch Lightningを用いてファインチューニングや評価を行う方法を理解し、実行する。**

6-1　コード・ライブラリの準備

本章のNotebookは、レポジトリにあるChapter6.ipynbのファイルです。このファイルをGoogle Drive上にアップロードしファイルを開くか、または次のURLにアクセスしてください。

- https://colab.research.google.com/github/stockmarkteam/bert-book/blob/master/Chapter6.ipynb

まず、作業用のスペースとして、現在のディレクトリにchap6というディレクトリを作り、以後ではそこで作業を行います。Colaboratoryでは、先頭に!を付ければ、システムコマンドを実行することができます。ただし、ディレクトリを移動する場合には、先頭を%にします。

```
# 6-1
!mkdir chap6
%cd ./chap6
```

必要な外部ライブラリのインストールを行います。TransformersとFugashiとipadicは前章まででも使いましたが、本章ではファインチューニングと性能評価を効率的に行うためのライブラリであるPyTorch Lightningも使います。

```
# 6-2
!pip install transformers==4.5.0 fugashi==1.1.0 ipadic==1.0.0 py
torch-lightning==1.2.7
```

必要なライブラリの読み込みも行っておきましょう。

```
# 6-3
import random
import glob
from tqdm import tqdm

import torch
from torch.utils.data import DataLoader
from transformers import BertJapaneseTokenizer, BertForSequenceClas
sification
import pytorch_lightning as pl

# 日本語の事前学習モデル
MODEL_NAME = 'cl-tohoku/bert-base-japanese-whole-word-masking'
```

6-2 文章分類とは

文章分類は、文章を与えられたカテゴリーに分類するタスクです。典型的な例として、いわゆる「**ネガポジ判定**」と呼ばれるタスクがあります。ネガポジ判定は、文章に内在する感情を判定する**感情分析**の一種です。具体的には、文章が「ポジティブ（正）」な内容のものであるか、「ネガティブ（負）」な内容のものであるかを判定します。たとえば、

この映画は面白かった。

という文章は「ポジティブ」な内容であり、

この映画のラストにはガッカリさせられた。

という文章は「ネガティブ」な内容である、といった具合です。

つまり、ネガポジ判定は「正」と「負」という与えられた二つのカテゴリーのなかから、文章の内容に応じてどちらか一つを選ぶタスクです。ネガポジ判定において与えられるカテゴリーは二つだけですが、タスクに応じてカテゴリーの数は自由に設定されます。たとえば、本章で扱うlivedoorニュースコーパスを用いた文章分類ではニュース記事を9個のカテゴリーに分類します。

文章分類の応用例としては、たとえば「ユーザーが投稿した商品への口コミを収集して、ユーザーがその商品について好意的なのか否定的なのかを自動的に判定する（ネガポジ判定）」などが考えられます。

本章では、与えられたカテゴリーのなかから最も適切な一つを選ぶという設定を用います。しかし、一般的には文章が複数のカテゴリーに属するとしたほうが適切な場合もあり、複数選択を許容するような設定を考えることもできます。このような方式の分類は、一般にマルチラベル分類と呼ばれ、次章で扱います。

6-3 BERTによる文章分類

本節では、BERTを用いて文章分類を行う方法について解説します。Transformersには文章分類のためのクラス**BertForSequenceClassification**が提供されており、これを用いて文章分類を行います。

ここでは、表6.1のような文章とカテゴリーからなるネガポジ判定のデータセットを例にして、解説を行います。ここで**ラベル**とは、コンピュータで処理しやすいように、分類のカテゴリーを整数に置き換えたものです。ここでは、「正の感情」のラベルは1、「負の感情」のラベルは0としました。

表6.1　ネガポジ判定のデータセットの例

文章	カテゴリー	ラベル
この映画は面白かった。	正	1
この映画の最後にはがっかりさせられた。	負	0
この映画を見て幸せな気持ちになった。	正	1

まず、トークナイザとともに、日本語の事前学習モデルをロードしましょう。モデルはGPUに配置しておきます。BertForSequenceClassificationをロードするためには、文章分類で用いるカテゴリーの数を引数num_labelsとして関数に入力する必要があります。ここでのカテゴリーは「正」と「負」の二つなので、num_labels=2です。

```
# 6-4
tokenizer = BertJapaneseTokenizer.from_pretrained(MODEL_NAME)
bert_sc = BertForSequenceClassification.from_pretrained(
  MODEL_NAME, num_labels=2
)
bert_sc = bert_sc.cuda()
```

BERTには、学習と推論の二つのモードがあります。文章分類の文脈では、学習時には文章とカテゴリーのペアを用いて、BERTの出力とカテゴリー間の損失関数が最小になるようにパラメータを決めます。推論時には、文章のみを入力として受けて、そのカテゴリーを予測します。`BertForSequenceClassification`には、学習と推論の二つのモードに応じた次の二つの使い方があります。

- 推論時に、符号化した文章を入力として、各カテゴリーに対する分類スコアを出力する。
- 学習時に、符号化した文章とラベル（カテゴリー）を入力として、損失の値を出力する。

まず、推論時には符号化した文章をBERTに入力し、それぞれのラベル（カテゴリー）の分類スコア`scores`が出力されます。一般的には、`BertForSequenceClassification`の入出力関係は図6.1のようにまとめられ、`scores`は2次元配列の`torch.Tensor`でサイズは(バッチサイズ, カテゴリーの数)です。i番目の文章に対しては、1次元配列`scores[i]`の各要素が各カテゴリーに対する分類スコアを表しています（図6.1の灰色の部分に対応）。つまり、ラベルが`j`のカテゴリーに対する分類スコアは`scores[i, j]`で与えられます。

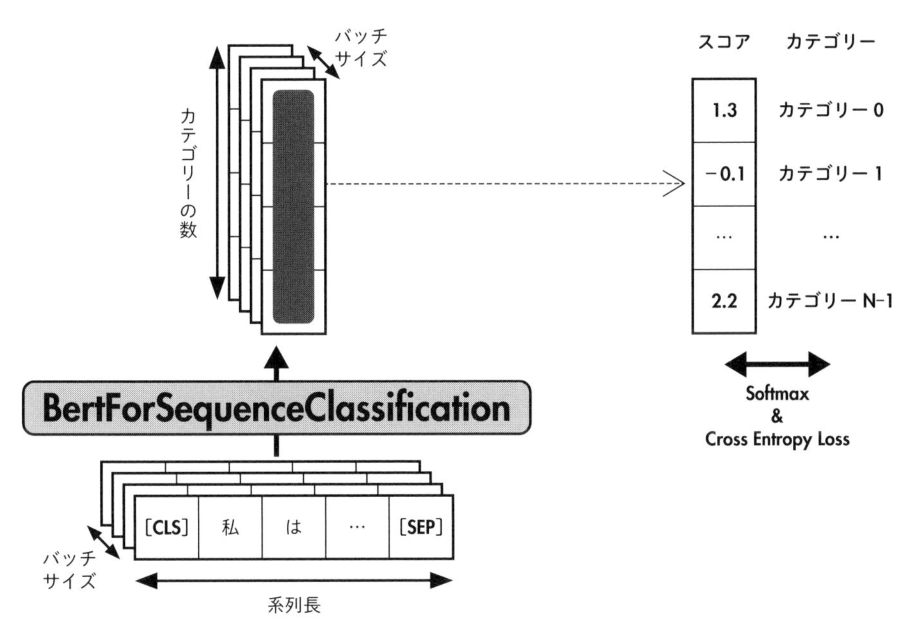

図6.1　`BertForSequenceClassification`の入出力関係

そして、分類スコアが最も高いラベルを予測値とすることで、文章分類を行うことができます。スコアが最も高い要素のインデックスは関数 argmax で探すことができます。

予測性能を評価するには「精度」と呼ばれる指標を用い、これは、

（精度）＝（予測が正しかったデータの数）/（データ数）

として与えられます。上の例を用いて、それぞれの文章に対する分類スコア、ラベルの予測値、予測の精度は次のようにして計算できます。

```
# 6-5
text_list = [
  "この映画は面白かった。",
  "この映画の最後にはがっかりさせられた。",
  "この映画を見て幸せな気持ちになった。"
]
label_list = [1,0,1]

# データの符号化
encoding = tokenizer(
  text_list,
  padding = 'longest',
  return_tensors='pt'
)
encoding = { k: v.cuda() for k, v in encoding.items() }
labels = torch.tensor(label_list).cuda()

# 推論
with torch.no_grad():
  output = bert_sc.forward(**encoding)
scores = output.logits # 分類スコア
labels_predicted = scores.argmax(-1) # スコアが最も高いラベル
num_correct = (labels_predicted==labels).sum().item() # 正解数
accuracy = num_correct/labels.size(0) # 精度

print("# scores のサイズ:")
print(scores.size())
print("# predicted labels:")
print(labels_predicted)
print("# accuracy:")
print(accuracy)
```

```
# モデルの分類器のパラメータの初期値はランダムな値が割り振られるため、
# 下と同じ出力が出るとはかぎりません
# scores のサイズ：
  torch. Size([3, 2])
# predicted labels：
  tensor([1, 0, 0])
# accuracy：
  0.6666666666666666
```

以前にも述べましたが、推論時には、`torch.no_grad()`のなかで処理を行うようにしましょう。分類スコアは`BertForSequenceClassification`の出力の属性`logits`として得ることができます。

ここで`BertForSequenceClassification`がどのように実装されているかを簡単に解説します（図6.2）。`BertForSequenceClassification`では、`BertModel`の最終層の出力のうち、最初のトークン［`CLS`］に対応する出力に対して、線形変換、tanh関数、線形変換が適用されて分類スコアが計算されています（簡単のため正規化や正則化のための層は除いています）。

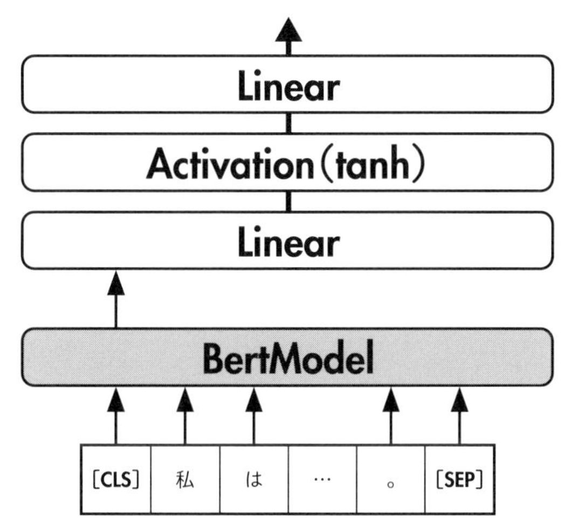

図6.2 `BertForSequenceClassification` **の実装**

二つめの使い方ですが、BERTをファインチューニングするときには、モデルに符号化した文章を入力し、出力とラベルの間の損失を計算します。ここでは、損失関数としては、スコアをSoftmax関数で各ラベルの予測確率に変換し、それと実際のラベルとの間の交差エントロピーを用います。そして、ここで計算された損失を最小化するように、パラメータが更新されます。あとで解説するように、損失が与えられれば、パラメータの更新作業はPyTorch Lightningが自動的に行います。

損失は次のようなコードで計算できます。

```
# 6-6
# 符号化
encoding = tokenizer(
  text_list,
  padding='longest',
  return_tensors='pt'
)
encoding['labels'] = torch.tensor(label_list) # 入力にラベルを加える
encoding = { k: v.cuda() for k, v in encoding.items() }

# ロスの計算
output = bert_sc(**encoding)
loss = output.loss # 損失の取得
print(loss)
```

```
tensor(0.6307, grad_fn=<NllLossBackward>)
```

上のようにBertForSequenceClassificationは入力にラベル（labels）が含まれている場合に損失を出力します。損失は出力の属性lossで与えられます。

6-4　データセット：livedoorニュースコーパス

本節では、データ解析に用いるデータセットについて解説します。livedoorニュースコーパスはNHN Japan株式会社が運営する「livedoor NEWS」に掲載された9個のトピックのニュース記事を収集したものであり、株式会社ロンウイットにより次のURLで公開されています。

- https://www.rondhuit.com/download.html#ldcc

データセットに含まれる、記事のカテゴリーと、カテゴリーごとの記事数は、表6.2のようになっています。各カテゴリーは0〜8までのラベルに置き換えて処理を行います。

表 6.2　livedoor ニュースコーパス内のカテゴリーなど

カテゴリー	英語表記	記事数	ラベル
独女通信	dokujo-tsushin	870	0
IT ライフハック	it-life-hack	870	1
家電チャンネル	kaden-channel	864	2
livedoor HOMME	livedoor-homme	511	3
MOVIE ENTER	movie-enter	870	4
Peachy	peachy	842	5
エスマックス	smax	870	6
Sports Watch	sports-watch	900	7
トピックニュース	topic-news	770	8

データのダウンロードは以下のコードで実行できます。

```
# 6-7
# データのダウンロード
!wget https://www.rondhuit.com/download/ldcc-20140209.tar.gz
# ファイルの解凍
!tar -zxf ldcc-20140209.tar.gz
```

補足ですが、Google Drive にデータを保存しておくことも可能ですが、実は Colaboratory から Google Drive にあるファイルへのアクセスはあまり早くありません。とくに、livedoor ニュースコーパスはファイルの数が数千にもおよぶため、すべてのファイルを読み込むだけで長い時間を要してしまいます。そのため、データを Colaboratory のシステムのディレクトリに配置しておくほうが短時間で処理ができます。

処理が完了すると、現在のディレクトリに `text` というディレクトリが展開され、`text` は以下のようなディレクトリ構成になっています。

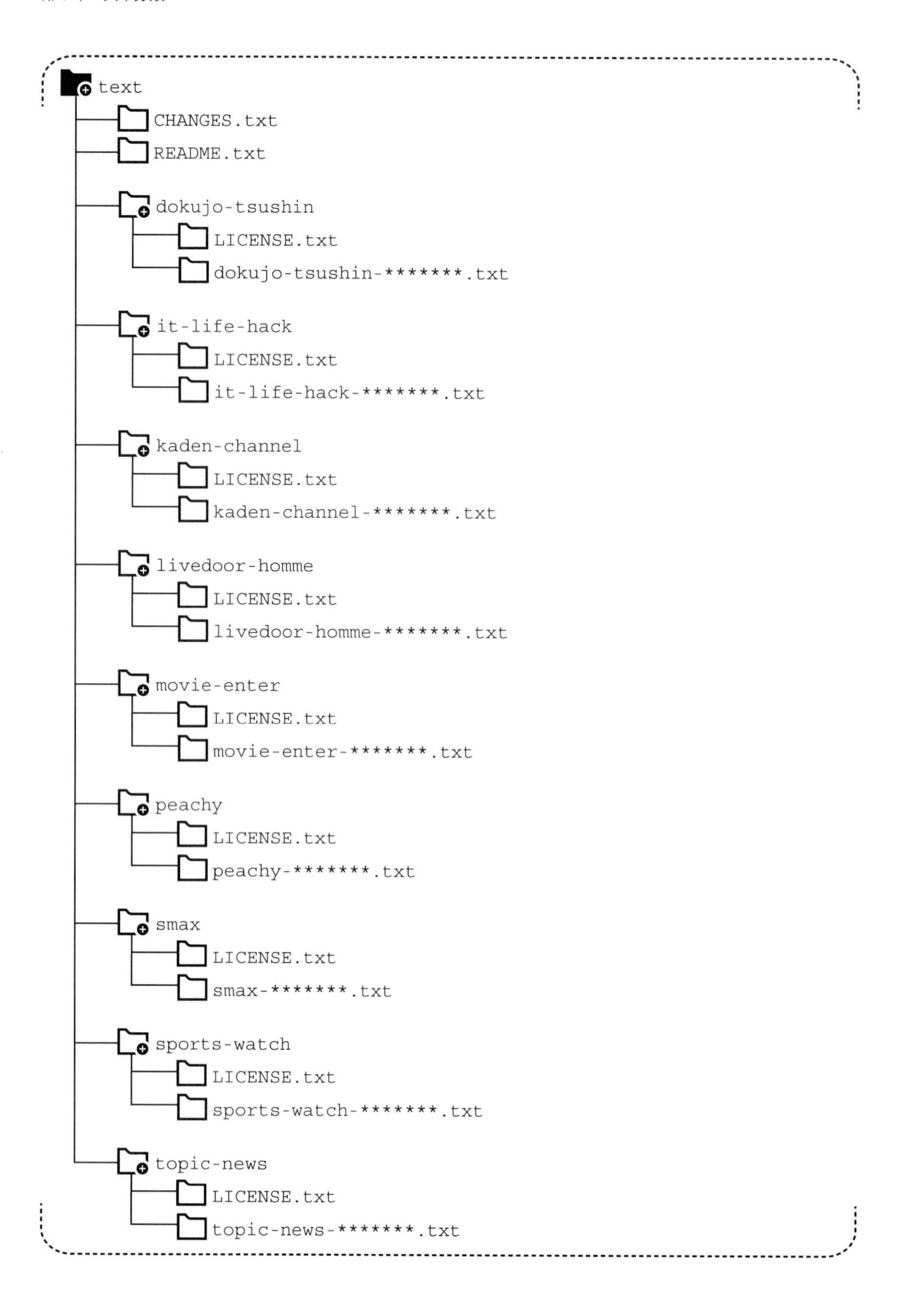
text
CHANGES.txt
README.txt
dokujo-tsushin
LICENSE.txt
dokujo-tsushin-*******.txt
it-life-hack
LICENSE.txt
it-life-hack-*******.txt
kaden-channel
LICENSE.txt
kaden-channel-*******.txt
livedoor-homme
LICENSE.txt
livedoor-homme-*******.txt
movie-enter
LICENSE.txt
movie-enter-*******.txt
peachy
LICENSE.txt
peachy-*******.txt
smax
LICENSE.txt
smax-*******.txt
sports-watch
LICENSE.txt
sports-watch-*******.txt
topic-news
LICENSE.txt
topic-news-*******.txt

textのなかには、それぞれのカテゴリーに対応した9個のディレクトリがあり、それぞれのカテゴリーの記事が保存されています。ディレクトリの名前はカテゴリーの英語表記に対応しています。それぞれのカテゴリーのなかで、一つのニュース記事が一つのファイルとして保存されています。たとえば、it-life-hackのディレクトリーにはit-life-hack-*******.txtというような名前のファイルが870あります（*******には記事のIDを表す数字が入る)。試しに、./text/it-life-hack/it-life-hack-6342280.txtというファイルの中身を見てみましょう。

```
# 6-8
!cat ./text/it-life-hack/it-life-hack-6342280.txt # ファイルを表示
```

```
http://news.livedoor.com/article/detail/6342280/
2012-03-06T13:00:00+0900
USB3.0対応で爆速データ転送！ 9倍速のリーダー/ライター登場
USB3.0が登場してから今年で4年目となるがパソコン側でのUSB3.0ポート搭載が進んで来ても対応機器がなかなか充実していない現状がある。そんななかで新しく高速な読み取りが可能なメモリーカードリーダー/ライターが登場した。

バッファローコクヨサプライがUSB3.0対応のカードリーダー/ライターを発表した。SDHC対応のSD系メディアやコンパクトフラッシュ、メモリースティック系メディア、xDピクチャーカードといったデジカメやスマホ、携帯ゲームといった機器で使われている各種メディアを従来よりも短時間でPCに取り込むことが可能になる。

(以下省略)
```

各ファイルは、

- **1行目**：記事のURL
- **2行目**：記事の作成日時
- **3行目**：記事のタイトル
- **4行目以降**：記事の本文

のように構成されています。データを解析するときには、記事本文に対応する各ファイルの4行目以降を取得し、これを解析対象とします。

6-5 BERTのファインチューニングと性能評価

以下では、livedoorニュースコーパスを用いて文章分類のためにBERTをファインチューニングし、それの性能の評価を行います。

1 データローダ

ファインチューニングや性能の評価を行うためには、データセットを前処理し、BERTに入力可能な形式に整えておく必要があります。このために、PyTorchではデータセットを「**データローダ**」という形式にします。本項では、データローダについての解説を行います。すでにPyTorchを使い慣れている読者は、本項を飛ばしても構いません。

ファインチューニングでは、ある指定された数（バッチサイズ）のデータ（符号化された文章）とラベルをデータセットから抜き出し、**ミニバッチ**と呼ばれるデータ処理の単位を作ります。そして、ミニバッチに対する処理結果をもとに、パラメータを更新するということを繰り返し行います。「データローダ」とは、データセットからミニバッチを取り出すためのものです。

PyTorchでは、データローダのためのクラス`DataLoader`があります。まずは、`DataLoader`をどのように使うのか、そしてデータローダがどのような振る舞いをするのかを調べてみましょう。

```
# 6-9
# データローダの作成
dataset_for_loader = [
  {'data':torch.tensor([0,1]), 'labels':torch.tensor(0)},
  {'data':torch.tensor([2,3]), 'labels':torch.tensor(1)},
  {'data':torch.tensor([4,5]), 'labels':torch.tensor(2)},
  {'data':torch.tensor([6,7]), 'labels':torch.tensor(3)},
]
loader = DataLoader(dataset_for_loader, batch_size=2)

# データセットからミニバッチを取り出す
for idx, batch in enumerate(loader):
  print(f'# batch {idx}')
  print(batch)
  ## ファインチューニングではここでミニバッチごとの処理を行う
```

```
# batch 0
{
       'data' : tensor([[0, 1], [2, 3]]),
       'labels' : tensor([0, 1])
}
# batch 1
{
       'data' : tensor([[4, 5], [6, 7]]),
       'labels' : tensor([2, 3])
}
```

ここで dataset_for_loader はデータセットを整形したリストであり、その各要素は単一のデータを表し、それは辞書形式で共通のキー（ここでは data と labels）を持っているとします。これを DataLoader に batch_size（バッチサイズ）とともに入力することで、データローダを作成できます。

次に、作成したデータローダ loader を for ループで回すことで、ミニバッチを取り出すことができ、ミニバッチ batch は各データと同じキーを持つ辞書です。たとえば上の例では、最初に1番目と2番目のデータがキーごとに結合されたミニバッチが取り出されており、次に3番目と4番目のデータのミニバッチが取り出されています。一般的には、各データのあるキーに対する値がサイズが $(n_1, n_2, ..., n_l)$ の torch.Tensor のとき、バッチサイズ m のデータローダからはサイズが $(m, n_1, n_2, ..., n_l)$ の torch.Tensor が得られます。

また、DataLoader はこれ以外にも、いろいろな形式の入力を受け入れることができますが、本書では簡単のため、上のような形式に整形してデータローダを作成します。

上の例では、前から順番にデータを抜き出してミニバッチを作りますが、DataLoader に shuffle=True を渡すことでデータセットからランダムにデータを抜き出してミニバッチを作ることが可能です。これにより、ファインチューニングのエポックごとにデータの並び順が変わり、パラメータが局所的最適解にトラップされるのを防ぐのに役立ちます。

```
# 6-10
loader = DataLoader(dataset_for_loader, batch_size=2, shuffle=True)

for idx, batch in enumerate(loader):
    print(f'# batch {idx}')
    print(batch)
```

```
# batch 0
{
       'data':tensor([[6, 7],[0, 1]]),
       'labels':tensor([3, 0])
}
# batch 1
{
       'data':tensor([[4, 5],[2, 3]]),
       'labels':tensor([2, 1])
}
```

2 データの前処理

この項では livedoor ニュースコーパスのデータの前処理を行い、データセットを学習/検証/テストデータに分割し、それぞれのデータローダを作成します。

前処理では、各記事の文章を符号化し、BERTに入力できるようにします。理想的には文章の全文を符号化したものを利用できることが望ましいですが、BERTは最大で512のトークンまでしか受け入れることができません。ここでは簡単のため、最初の128トークンのみをBERTに入力するとします[*1]。興味のある読者は、このトークンの数を変えたときにパフォーマンスがどのように変わるかということを確認してみてください。

まず各データを次のキーを持つ辞書にして、データローダに入力できる形式に整形します。

- input_ids
- attention_mask
- token_type_ids
- labels

ここで、上の三つは文章の符号化を行ったときに得られるもので、それぞれ1次元配列の`torch.Tensor`です。最後の`labels`は各データのラベル（カテゴリー）に対応し、スカラーの`torch.Tensor`です（BERTはラベルのデータを引数`labels`として受け入れるので、ここでは名前は`label`ではなく`labels`としています）。

```
# 6-11
# カテゴリーのリスト
category_list = [
    'dokujo-tsushin',
    'it-life-hack',
    'kaden-channel',
    'livedoor-homme',
    'movie-enter',
    'peachy',
    'smax',
    'sports-watch',
    'topic-news'
]

# トークナイザのロード
tokenizer = BertJapaneseTokenizer.from_pretrained(MODEL_NAME)

# 各データの形式を整える
max_length = 128
dataset_for_loader = []
for label, category in enumerate(tqdm(category_list)):
    for file in glob.glob(f'./text/{category}/{category}*'):
```

*1　BERTに入力するトークン数を大きくしたほうが、パフォーマンス自体は向上しますが、学習に要する時間も長くなります。ここでは、学習の一連の流れを素早く体験するために、短いトークン数を設定しました。

```
    lines = open(file).read().splitlines()
    text = '\n'.join(lines[3:]) # ファイルの 4 行目からを抜き出す
    encoding = tokenizer(
      text,
      max_length=max_length,
      padding='max_length',
      truncation=True
    )
    encoding['labels'] = label # ラベルを追加
    encoding = { k: torch.tensor(v) for k, v in encoding.items() }
    dataset_for_loader.append(encoding)
```

前処理後の dataset の中身を確認してみましょう。

```
# 6-12
print(dataset_for_loader[0])
```

```
{
  'input_ids' : tensor([2, 1519, 13, 9, 6, 36, ...]),
  'token_type_ids' : tensor([0, 0, 0, 0, 0, 0, ...]),
  'attention_mask' : tensor([1, 1, 1, 1, 1, 1, ...]),
  'labels' : tensor(0)
}
```

意図どおりのデータ形式になっていることがわかります。

次に作成したデータセットをランダムに学習データ（60%）、検証データ（20%）、テストデータ（20%）に分割し、それぞれをデータローダにします[*2]。データセットはカテゴリーごとにまとまっているので、データセットを分割する前に、ランダムにシャッフルしておきます。

```
# 6-13
# データセットの分割
random.shuffle(dataset_for_loader) # ランダムにシャッフル
n = len(dataset_for_loader)
n_train = int(0.6*n)
n_val = int(0.2*n)
dataset_train = dataset_for_loader[:n_train] # 学習データ
dataset_val = dataset_for_loader[n_train:n_train+n_val] # 検証データ
dataset_test = dataset_for_loader[n_train+n_val:] # テストデータ

# データセットからデータローダを作成
# 学習データは shuffle=True にする
```

[*2] データセットの分割比率についての明確なコンセンサスはなく、本書のように 60/20/20 や、その他は 70/15/15 や 80/10/10 などが使われているようです。

```
dataloader_train = DataLoader(
  dataset_train, batch_size=32, shuffle=True
)
dataloader_val = DataLoader(dataset_val, batch_size=256)
dataloader_test = DataLoader(dataset_test, batch_size=256)
```

これでデータローダが完成しました。

バッチサイズですが、学習データではここではBERTのオリジナルの論文を参考に32としました。検証データとテストデータでは損失の勾配を計算する必要がないため、バッチサイズを大きくすることができ、ここでは256としました。

3 PyTorch Lightningによるファインチューニングとテスト

この項では、学習データと検証データを用いてBERTをファインチューニングし、そのあとにテストデータを用いてモデルの性能を評価します。本書では、この目的のためにPyTorchの高レベルのAPIを提供する**PyTorch Lightning**を使います。PyTorchのみでファインチューニングや学習済みモデルのテストを行うコードを書くことは可能ですが、ここでのさまざまな処理はモデルやデータによらず共通しています。Pytorch Lightningでは、そのような共通の処理は予め内部で実装されており、おもにモデルの振る舞いを表すコードを書き、学習のパラメータを設定するだけで学習・テストの一連の流れを実行できます。そのため、コード量を少なくすることができ、効率的に実験が行えます。

まず、最初にモデルの振る舞いを記述するクラスを作ります。

```
# 6-14
class BertForSequenceClassification_pl(pl.LightningModule):

  def __init__(self, model_name, num_labels, lr):
    # model_name: Transformersのモデルの名前
    # num_labels: ラベルの数
    # lr: 学習率

    super().__init__()

    # 引数のnum_labelsとlrを保存
    # 例えば、self.hparams.lrでlrにアクセスできる
    # チェックポイント作成時にも自動で保存される
    self.save_hyperparameters()

    # BERTのロード
    self.bert_sc = BertForSequenceClassification.from_pretrained(
```

```
      model_name,
      num_labels=num_labels
    )

  # 学習データのミニバッチ('batch')が与えられた時に損失を出力する関数を書く
  # batch_idx はミニバッチの番号であるが今回は使わない
  def training_step(self, batch, batch_idx):
    output = self.bert_sc(**batch)
    loss = output.loss
    self.log('train_loss', loss) # 損失を 'train_loss' の名前でログをとる
    return loss

  # 検証データのミニバッチが与えられたときに、
  # 検証データを評価する指標を計算する関数を書く
  def validation_step(self, batch, batch_idx):
    output = self.bert_sc(**batch)
    val_loss = output.loss
    self.log('val_loss', val_loss) # 損失を 'val_loss' の名前でログをとる

  # テストデータのミニバッチが与えられたときに、
  # テストデータを評価する指標を計算する関数を書く
  def test_step(self, batch, batch_idx):
    labels = batch.pop('labels') # バッチからラベルを取得
    output = self.bert_sc(**batch)
    labels_predicted = output.logits.argmax(-1)
    num_correct = ( labels_predicted == labels ).sum().item()
    accuracy = num_correct/labels.size(0) #精度
    self.log('accuracy', accuracy) # 精度を 'accuracy' の名前でログをとる

  # 学習に用いるオプティマイザを返す関数を書く
  def configure_optimizers(self):
    return torch.optim.Adam(self.parameters(), lr=self.hparams.lr)
```

このクラスは`pl. LightningModule`を継承します。初期化の関数(`__init__`)のなかでは、ファインチューニングをするBERTをロードしておきます。

クラスの作成でポイントとなるのは、

- **training_step**
- **validation_step**
- **test_step**

の三つの関数の作成です。これらの関数は、学習データ、検証データ、テストデータそれぞれのデータローダからミニバッチ(batch)を受け取ったときにどのような処理をするか定義します。

training_step の関数には、ミニバッチから損失を計算し、それを返す関数を書きます。PyTorch Lightning は、training_step から出力される損失をもとに、パラメータを更新する作業を自動で行ってくれます。また、学習に用いるオプティマイザは configure_optimizers の関数で指定します。ここでは BERT の元論文を参考にして、Adam と呼ばれるオプティマイザを用います [1]。

validation_step と test_step の関数は、それぞれミニバッチからモデルを評価するための指標を計算し、関数 log に指標の名前を付けて渡します。PyTorch Lightning はこれらの関数で計算された指標をもとに、自動的にすべてのミニバッチにわたる指標の平均を計算し（正確には各ミニバッチのデータ数を重みとする平均）、検証データ・テストデータそれぞれでのモデルの評価指標を計算します。ここでは、検証データには学習データと同じ損失関数（クロスエントロピー）を指標とし、テストでは精度を指標としました。

また、PyTorch Lightning のモデルの関数のなかには、モデルやデータを GPU に載せるコードや、推論時の torch.no_grad() のコードは書く必要がなく、これらは自動的に実行されます。

次にファインチューニングの設定を行います。

```
# 6-15
# 学習時にモデルの重みを保存する条件を指定
checkpoint = pl.callbacks.ModelCheckpoint(
    monitor='val_loss',
    mode='min',
    save_top_k=1,
    save_weights_only=True,
    dirpath='model/',
)

# 学習の方法を指定
trainer = pl.Trainer(
    gpus=1,
    max_epochs=10,
    callbacks = [checkpoint]
)
```

PyTorch Lightning では、Trainer というクラスを用いて学習を行います。Trainer をインスタンス化するときには、学習に必要なパラメータを指定します。上の例で指定したパラメータの意味は次のようになります。

- **gpus=1**：学習に GPU を一つ使う。
- **max_epochs=10**：学習を 10 エポック行う。
- **callbacks=[checkpoint]**：どのようなときにモデルの重みを保存するかを指定する（後述）。

PyTorch Lightningでは、ファインチューニングで得られたパラメータの保存も自動で行われます。デフォルトでは、1エポックの学習が終わるたびに、検証データに対して損失の値(val_loss)が計算されます。ここでは、この値が最も小さいベストモデルの重みをディレクトリmodel/に保存しておくようにします。このために、ModelCheckpointを用いて、モデルを保存する条件を指定し、作成したインスタンス(checkpoint)をTrainerに渡します。上の例では、ModelCehckpointに次のパラメータを指定しました。

- **monitor='val_loss'**：val_lossを監視する。
- **mode='min'**：val_lossが小さいモデルを保存する。
- **save_top_k=1**：val_lossが最も小さいベストモデルのみを保存する。
- **save_weights_only=True**：モデルの重みのみを保存する。
- **dirpath='model/'**：モデルファイルを保存するディレクトリ。

最後に、上の設定でファインチューニングを行います。

```
# 6-16
# PyTorch Lightningモデルのロード
model = BertForSequenceClassification_pl(
  MODEL_NAME, num_labels=9, lr=1e-5
)

# ファインチューニングを行う
trainer.fit(model, dataloader_train, dataloader_val)
```

ファインチューニングを行うために、PyTorch Lightningのモデルをロードします。ここでは、学習率(lr)は1e-5としました。そして、Trainerの関数fitにPyTorch Lightningモデル(model)、学習データのデータローダ(dataloader_train)、検証データのデータローダ(dataloader_val)を渡すことで、上で指定した条件で学習が行われます。この設定では処理時間は約20分ほどです。

学習終了後に、ベストモデルが保存されたファイルのパスはcheckpoint.best_model_pathで、ベストモデルの検証データでの損失の値はcheckpoint.best_model_scoreで得ることができます。

```
# 6-17
best_model_path = checkpoint.best_model_path # ベストモデルのファイル
print('ベストモデルのファイル： ', checkpoint.best_model_path)
print('ベストモデルの検証データに対する損失： ', checkpoint.best_model_
score)
```

```
ベストモデルのファイルのパス： /content/chap6/model/epoch=3-step=555.
ckpt
ベストモデルの検証データに対する損失の値： tensor(0.3954, device='cuda:0')
```

学習時の学習データや検証データに対する損失の値の時間変化は TensorBoard で見ることができます。TensorBoard は、TensorFlow や PyTorch で利用できる可視化ツールです。

```
# 6-18
%load_ext tensorboard
%tensorboard --logdir ./
```

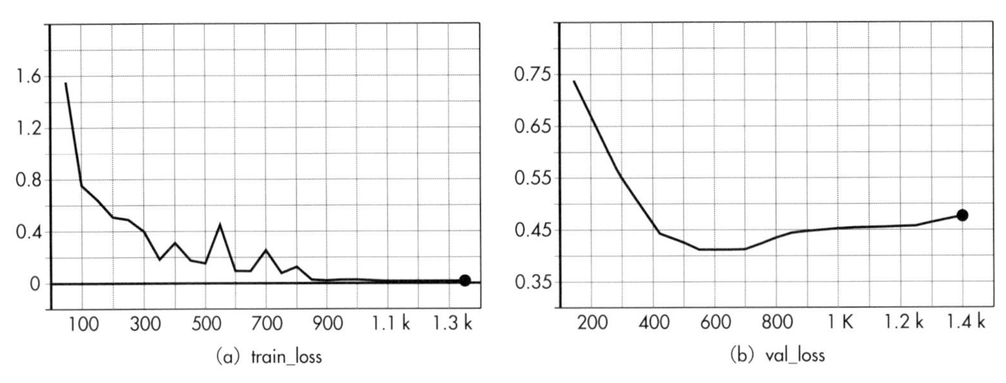

(a) train_loss　(b) val_loss

図 6.3　TensorBoard

図 6.3 の横軸はステップ数を表しており、処理したミニバッチの数を表しています。学習データ（図 6.3(a)）では学習を経るに従い、損失の値が減っていきます。その一方で、検証データ（同図(b)）ではあるときを境に損失の値が増加し、オーバーフィッティングが起こっていることがわかります。検証データでの損失の値が最小のときのパラメータを選ぶことで、オーバフィッティングを防ぐことができます。

最後に、ファインチューニングで得たモデルをテストデータで評価しましょう。これは Trainer の関数 test で行うことができます。

```
# 6-19
test = trainer.test(test_dataloaders=dataloader_test)
print(f'Accuracy: {test[0]["accuracy"]:.2f}')
```

```
Accuracy : 0.88
```

ファインチューニングしたモデルは、88% の精度で分類ができていることがわかりました。

ここでは、バッチサイズは 32、学習率は 1e-5 として実験を行いました。しかし、これらのハイパーパラメータは一つの値だけでなく、いくつかの値を試すということが一般的です。そのような場合には、最終的に検証データで最も評価がよかったモデルを採用し、テストデータで評価します。

 ファインチューニングしたモデルの保存と読み込み

ファインチューニングをして保存したモデルをPyTorch Lightningのモデルとして読み込むには、関数load_from_checkpointを用います。また、モデルをTransformersのモデルとして直接読み込める形で保存することもできます。

```
# 6-20
# PyTorch Lightningモデルのロード
model = BertForSequenceClassification_pl.load_from_checkpoint(
  best_model_path
)

# Transformers対応のモデルを ./model_transformes に保存
model.bert_sc.save_pretrained('./model_transformers')
```

上のスクリプトを実行すると ./model_transformers に次の二つのファイルが新たに作成されます。

- **config.json**
- **pytorch_model.bin**

この後は、次のように関数from_pretrainedにモデルファイルのあるディレクトリ（ここでは ./model_transformers）を指定することで、Transformersのモデルとしてを直接読み込むことができます。

```
# 6-21
bert_sc = BertForSequenceClassification.from_pretrained(
  './model_transformers'
)
```

・第6章のまとめ

本章では、文章分類のタスクを扱い、実際にlivedoorニュースコーパスを用いてBERTをファインチューニングし、その性能を評価しました。また、この章では、データローダやPyTorch Lightningなどについても解説しました。これらは本章以降でも必要になってくるので、ここで使い方を習得しましょう。

・第6章の参考文献

[1]Diederik P. Kingma & Jimmy Ba. “Adam : A Method for Stochastic Optimization”, ICLR, 2015.

第7章

マルチラベル文章分類

前章では文章が与えられたときにカテゴリーを一つ選ぶタスクを扱いましたが、本章ではカテゴリーを複数選ぶことができる**マルチラベル文章分類**を扱います。残念ながら、Transformersにはマルチラベル分類に特化したクラスは用意されていません。そこで本章では、マルチラベル分類を行うための方法について解説し、PyTorchを用いてこのためのモデルを実装します。最後に、上場企業の有価証券報告書から作成されたマルチラベルのネガポジ判定のデータセットを用いてモデルのファインチューニングを行い、性能の評価を行います。

・第７章の目標

- **マルチラベル文章分類の方法について理解する。**
- **マルチラベル分類のためのモデルを実装し、データからモデルのファインチューニング・性能評価を行う。**

7-1 コード・ライブラリの準備

本章のNotebookは、レポジトリにあるChapter7.ipynbのファイルです。このファイルをGoogle Drive上にアップロードしファイルを開くか、または次のURLにアクセスしてください。

- https://colab.research.google.com/github/stockmarkteam/bert-book/blob/master/Chapter7.ipynb

まず、作業用のスペースとして、現在のディレクトリに`chap7`というディレクトリを作り、以後ではそこで作業を行います。

```
# 7-1
!mkdir chap7
%cd ./chap7
```

また、必要な外部ライブラリのインストールと、必要なライブラリの読み込みも行っておきましょう。

```
# 7-2
!pip install transformers==4.5.0 fugashi==1.1.0 ipadic==1.0.0 py
torch-lightning==1.2.7
```

```
# 7-3
import random
import glob
import json
from tqdm import tqdm

import torch
from torch.utils.data import DataLoader
from transformers import BertJapaneseTokenizer, BertModel
import pytorch_lightning as pl

# 日本語の事前学習モデル
MODEL_NAME = 'cl-tohoku/bert-base-japanese-whole-word-masking'
```

7-2 マルチラベル文章分類とは

前章で扱った文章分類は、文章が与えられたときに、与えられた選択肢のなかからカテゴリーを一つ選ぶというものでした。その一方で、文章が複数のカテゴリーに属しているような状況も現実にはよく起こります。たとえばネガポジ判定の文脈では、「A社の売り上げは上がったが、株価は下がった。」という文章は「売り上げは上がった」という「ポジティブ」な内容もあると同時に、「株価は下がった」という「ネガティブ」な内容もあります。このような文章には、「正」と「負」からカテゴリーをどちらか一つに決めるのではなく、両方を選ぶことがより適切です。そのため、複数のカテゴリーを選ぶことを許容するほうが、より現実に即しています。

また、文章によっては、「ポジティブ」と「ネガティブ」のどちらの内容も含んでいないという場合もあります。そのような場合には、「どちらのカテゴリーも選ばない」ことが自然です。複数のカテゴリーを選べるようになることで、このようにどのカテゴリーも選ばないということも可能になります。

このように、選択肢のなかから複数のカテゴリーを選ぶ分類を、**マルチラベル分類**と呼びます。マルチラベル分類と対比して、選択肢を一つのみ選ぶ分類のことを以下では**シングルラベル分類**と呼ぶことにします。

7-3 マルチラベルのデータ表現

これまでに解説したように、マルチラベル分類において、文章は複数のカテゴリーに属します。コンピュータで処理をしやすいように、文章が属すカテゴリーを **Multi-hot ベクトル**と呼ばれる形式で表現します（図 7.1）。Multi-hot ベクトルは、要素が 0 または 1 からなるベクトルです。ここでは、図 7.1 のように、サイズがカテゴリーの数と同じで、文章が属しているカテゴリーに対応する要素を 1 とし、それ以外の要素を 0 とした Multi-hot ベクトルを用いて、文章が属しているカテゴリーを表現します。

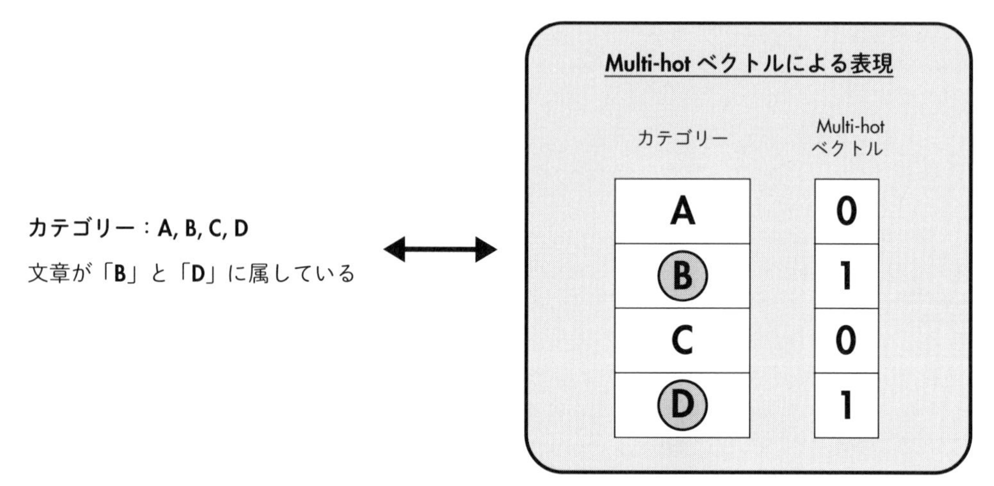

図 7.1　Multi-hot ベクトルによるカテゴリー表現

7-4 BERT によるマルチラベル分類

本節では、マルチラベル分類を行うためのモデル **`BertForSequenceClassificationMultiLabel`** を PyTorch で実装します。最初に、マルチラベル分類をどのようなアルゴリズムで行うかを解説します。

前章で扱った分類では、与えられた選択肢のなかからカテゴリーを一つ選びました。それに対して、マルチラベル分類では、選択肢にあるカテゴリーそれぞれに対して、それを選ぶか選ばないかを決めます。そこで、文章が与えられたときに各カテゴリーの分類スコアを出力するようなモデルを考え、その分類スコアが正の値のカテゴリーは選択し、負の値のカテゴリーは選択しないという方法でマルチラベル分類を行います。`BertForSequenceClassificationMultiLabel` の入出力関係をまとめると、図 7.2 のようになります。

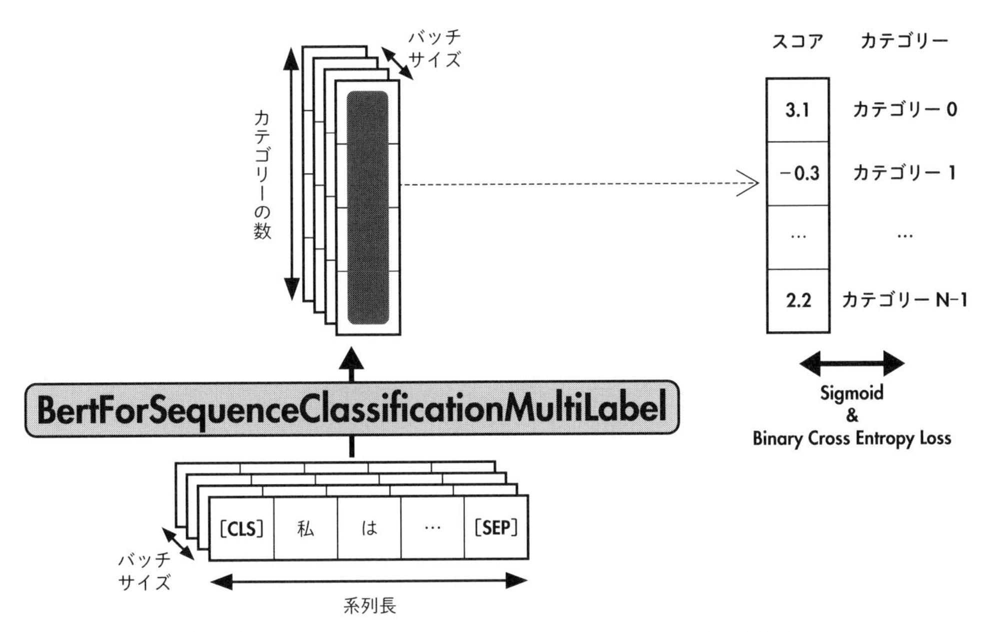

図7.2 `BertForSequenceClassificationMultiLabel` **の入出力関係**

前章のシングルラベル分類で解説した`BertForSequenceClassification`と、本章で解説する`BertForSequenceClassificationMultiLabel`は、入出力関係だけ見ると似ています。しかしながら、上で解説した分類スコアから予測を行う方法や、次に解説する損失関数が異なることに注意が必要です。

ファインチューニングで使用する損失関数ですが、ここでは分類スコアに対してシグモイド関数を適用し予測確率に変換します。それぞれの予測確率は、文章が対応するカテゴリーに属する確度を表しています。上で解説した分類スコアが正の場合にそのカテゴリーを選択するということは、予測確率が50%以上であるときにそのカテゴリーを選択するということと対応しています。ここでは、それぞれのカテゴリーを「選ぶ」か「選ばない」かの二値分類を行うので、損失関数は予測確率と実際に文章がそのカテゴリーに属しているどうかとの間のバイナリクロスエントロピーを用います。

`BertForSequenceClassificationMultiLabel`のアーキテクチャーとしては、図7.2の入出力関係を満たすものならば、原理的にはどんなものでも問題ありません。ただし、モデルが複雑になればなるほど、ファインチューニングで必要なデータ数も増えます。ここではシンプルに、`BertModel`の最終層の出力をすべてのトークンに渡って平均化し、それに線形変換を適用したものを分類スコアとして出力するモデルを考えます（図7.3）。

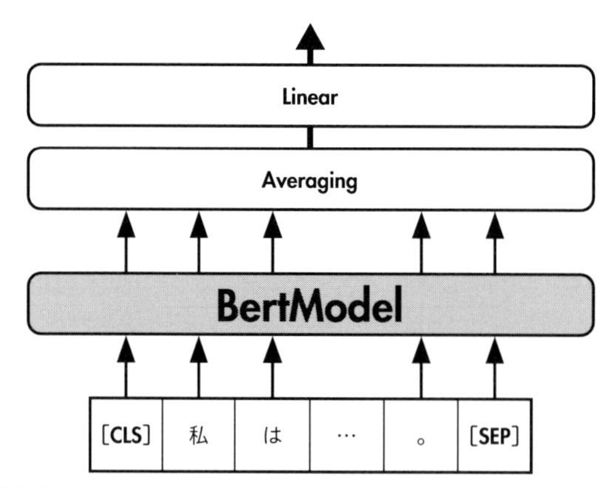

図7.3　BertForSequenceClassificationMultiLabel の実装

ここで注意が必要なのは、平均化のときには、系列長を揃えるためだけに挿入された特殊トークン［PAD］に対する出力は除く必要があるということです。符号化のときに得られる attention_mask が 0 のトークンは［PAD］であり、1 のトークンはそれ以外のトークンなので、attention_mask が 1 のトークンに渡って平均をとれば、［PAD］以外のトークンでの平均を行うことができます。

BertForSequenceClassificationMultiLabel は以下のようなコードで実装されます。ここでは実装に BertModel を用いるので、それについては第4章を参考にしてください。

```
# 7-4
class BertForSequenceClassificationMultiLabel(torch.nn.Module):

    def __init__(self, model_name, num_labels):
        super().__init__()
        # BertModel のロード
        self.bert = BertModel.from_pretrained(model_name)
        # 線形変換を初期化しておく
        self.linear = torch.nn.Linear(
            self.bert.config.hidden_size, num_labels
        )

    def forward(
        self,
        input_ids=None,
        attention_mask=None,
        token_type_ids=None,
        labels=None
```

```
    ):
        # データを入力しBERTの最終層の出力を得る
        bert_output = self.bert(
            input_ids=input_ids,
            attention_mask=attention_mask,
            token_type_ids=token_type_ids)
        last_hidden_state = bert_output.last_hidden_state

        # [PAD]以外のトークンで隠れ状態の平均をとる
        averaged_hidden_state = \
            (last_hidden_state*attention_mask.unsqueeze(-1)).sum(1) \
            / attention_mask.sum(1, keepdim=True)

        # 線形変換
        scores = self.linear(averaged_hidden_state)

        # 出力の形式を整える
        output = {'logits': scores}

        # labelsが入力に含まれていたら、損失を計算し出力する
        if labels is not None:
            loss = torch.nn.BCEWithLogitsLoss()(scores, labels.float())
            output['loss'] = loss

        # 属性でアクセスできるようにする
        output = type('bert_output', (object,), output)

        return output
```

以下では`BertForSequenceClassificationMultiLabel`の使い方を解説しますが、`BertForSequenceClassification`と似たような方法で使うことができます。ここでは、マルチラベルのネガポジ判定を例に、表7.1のようなデータセットを考えます。ラベルは文章のカテゴリーをMulti-hotベクトルとして表現したもので、ここでは最初の要素が「負」を次の要素が「正」に対応しているとします。

表7.1　マルチラベルのネガポジ判定を行うデータセットの例

文章	カテゴリー	ラベル
今日の仕事はうまくいったが、体調があまり良くない。	正・負	[1、1]
昨日は楽しかった。	正	[0、1]

まずモデルとトークナイザをロードしましょう。モデルのロードするときには、カテゴリーの数を num_labels で指定します。

```
# 7-5
tokenizer = BertJapaneseTokenizer.from_pretrained(MODEL_NAME)
bert_scml = BertForSequenceClassificationMultiLabel(
  MODEL_NAME, num_labels=2
)
bert_scml = bert_scml.cuda()
```

推論時に与えられた文章に対してそれが属するカテゴリーを予測し、予測の精度を評価するには、以下のようにします。ここでカテゴリーの予測値は Multi-hot ベクトルとして与えられます。

```
# 7-6
text_list = [
  '今日の仕事はうまくいったが、体調があまり良くない。',
  '昨日は楽しかった。'
]

labels_list = [
  [1, 1],
  [0, 1]
]

# データの符号化
encoding = tokenizer(
  text_list,
  padding='longest',
  return_tensors='pt'
)
encoding = { k: v.cuda() for k, v in encoding.items() }
labels = torch.tensor(labels_list).cuda()

# BERTへデータを入力し分類スコアを得る
with torch.no_grad():
  output = bert_scml(**encoding)
scores = output.logits

# スコアが正ならば、そのカテゴリーを選択する
labels_predicted = ( scores > 0 ).int()

# 精度の計算
num_correct = ( labels_predicted == labels ).all(-1).sum().item()
accuracy = num_correct/labels.size(0)
```

学習時には、モデルへの入力に labels として各文章が属するカテゴリーを入力することで、損失を得ることができます。

```
# 7-7
# データの符号化
encoding = tokenizer(
  text_list,
  padding='longest',
  return_tensors='pt'
)
encoding['labels'] = torch.tensor(labels_list) # 入力に labels を含める
encoding = { k: v.cuda() for k, v in encoding.items() }

output = bert_scml(**encoding)
loss = output.loss # 損失
```

7-5 データセット：chABSA-dataset

本章では、TIS 株式会社が公開している、上場企業の有価証券報告書を用いて作成されたマルチラベルのネガポジ判定のデータセット「chABSA-dataset」を用います。データセットの詳細は次の URL にあります。

- https://github.com/chakki-works/chABSA-dataset

このデータセットでは、「ネガティブ」「ポジティブ」「ニュートラル（中立）」という三つのカテゴリーを用いています。そして、文章に対してそれぞれのカテゴリーに該当する表現があれば、そのカテゴリーとともにそれが何を対象としているかもラベル付けしています。

たとえば、次の文章に対してラベル付けを行った結果は、表 7.2 のようになります。

当期におけるわが国経済は、景気は緩やかな回復基調が続き、設備投資の持ち直し等を背景に企業収益は改善しているものの、海外では、資源国等を中心に不透明な状況が続き、為替が急激に変動するなど、依然として先行きが見通せない状況で推移した

表7.2　chABSA-datasetにおけるラベル付けの例

対象	極性（カテゴリー）
わが国経済	ニュートラル
景気	ポジティブ
設備投資	ポジティブ
企業収益	ポジティブ
資源国等	ニュートラル
為替	ネガティブ

たとえば表7.2の上から二つめは、文章中の「景気は緩やかな回復基調が続き」という部分が、「景気」という対象に関する「ポジティブ」な表現であることを意味しています。

この例ではポジティブが3回現れますが、私たちが行うタスクでは、現れた回数はとくに考慮しません。上の例は、単に文章のカテゴリーは「ポジティブ」「ネガティブ」「ニュートラル」の三つであると考えます。

まずはデータをダウンロードしましょう。データはzip形式なので解凍しておきます。

```
# 7-8
# データのダウンロード
!wget https://s3-ap-northeast-1.amazonaws.com/dev.tech-sketch.jp/cha
kki/public/chABSA-dataset.zip
# データの解凍
!unzip chABSA-dataset.zip
```

上のコードが実行されると`chABSA-dataset`というディレクトリが作成され、そのなかにデータファイルが格納されています。ディレクトリ構成は以下のようになっています。

それぞれのファイルは`e*****_ann.json`という名前の`json`形式です（*はなんらかの数字を意味する）。データファイルは230あり、それぞれが一つの企業の有価証券報告書のデータに対応しています。

一つのファイルを読み込んでみましょう。`json`ファイルは次のように`json`ライブラリで読み込むことができます。

```
# 7-9
data = json.load(open('chABSA-dataset/e00030_ann.json'))
print( data['sentences'][0] )
```

```
{
      'sentence_id' : 0,
      'sentence' : '当期におけるわが国経済は、景気は緩やかな回復基調が続き、設
備投資の持ち直し ... (省略) ',
      'opinions' : [
        {'target' : 'わが国経済', 'category' : 'NULL#general', 'polar
ity' : 'neutral', 'from' : 6, 'to' : 11},
        {'target' : '景気', 'category' : 'NULL#general', 'polarity' :
'positive', 'from' : 13, 'to' : 15},
        {'target' : '設備投資', 'category' : 'NULL#general', 'polar
ity' : 'positive', 'from' : 28, 'to' : 32},
        {'target' : '企業収益', 'category' : 'NULL#general', 'polar
ity' : 'positive', 'from' : 42, 'to' : 46},
        {'target' : '資源国等', 'category' : 'NULL#general', 'polar
ity' : 'neutral', 'from' : 62, 'to' : 66},
        {'target' : '為替', 'category' : 'NULL#general', 'polarity' :
'negative', 'from' : 80, 'to' : 82}
      ]
}
```

dataset['sentences']はリストで与えられ、各要素が単一のデータに対応します。それぞれのデータは辞書形式で与えられ、sentenceの項目はネガポジ判定を行う文章、opinionsの項目はラベル付けの結果を表すリストで、各要素のpolarityの項目が対象となる表現が「ネガティブ（negative）」か「ポジティブ（positive）」か「ニュートラル（neutral）」かを表しています。

ここで、あとの処理のため、データから文章とそのカテゴリーを抜き出して整形しておきましょう。ここでカテゴリーは上で解説したMulti-hotベクトルの形式にします。こではMulti-hotベクトルの最初の要素が「ネガティブ」、次の要素が「ニュートラル」、最後の要素が「ポジティブ」に対応するとします。つまり、たとえば文章がニュートラルとポジティブに属すときには、カテゴリーは[0, 1, 1]と表現されます。

```
# 7-10
category_id = {'negative':0, 'neutral':1 , 'positive':2}

dataset = []
for file in glob.glob('chABSA-dataset/*.json'):
  data = json.load(open(file))
  # 各データから文章(text)を抜き出し、ラベル('labels')を作成
```

```
  for sentence in data['sentences']:
    text = sentence['sentence']
    labels = [0,0,0]
    for opinion in sentence['opinions']:
      labels[category_id[opinion['polarity']]] = 1
    sample = {'text': text, 'labels': labels}
    dataset.append(sample)
```

前処理後のデータは次のような形式になっています。

```
# 7-11
print(dataset[0])
```

```
{
      'text' : '当連結会計年度におけるわが国経済は、雇用・所得環境の改善が続くなか、...',
      'labels' : [1, 1, 1]
}
```

7-6 ファインチューニングと性能評価

本節では、chABSA-datasetを用いたマルチラベルテキスト分類のためのBERTのファインチューニング、およびその性能評価を行っていきます。まず、データセットを学習（60%）／検証（20%）／テスト（20%）データに分割し、BERTに入力できるようにデータローダをそれぞれ作成します。

```
# 7-12
# トークナイザのロード
tokenizer = BertJapaneseTokenizer.from_pretrained(MODEL_NAME)

# 各データの形式を整える
max_length = 128
dataset_for_loader = []
for sample in dataset:
  text = sample['text']
  labels = sample['labels']
  encoding = tokenizer(
    text,
    max_length=max_length,
    padding='max_length',
    truncation=True
```

```
    )
    encoding['labels'] = labels
    encoding = { k: torch.tensor(v) for k, v in encoding.items() }
    dataset_for_loader.append(encoding)

# データセットの分割
random.shuffle(dataset_for_loader)
n = len(dataset_for_loader)
n_train = int(0.6*n)
n_val = int(0.2*n)
dataset_train = dataset_for_loader[:n_train] # 学習データ
dataset_val = dataset_for_loader[n_train:n_train+n_val] # 検証データ
dataset_test = dataset_for_loader[n_train+n_val:] # テストデータ

# データセットからデータローダを作成
dataloader_train = DataLoader(
    dataset_train, batch_size=32, shuffle=True
)
dataloader_val = DataLoader(dataset_val, batch_size=256)
dataloader_test = DataLoader(dataset_test, batch_size=256)
```

次に PyTorch Lightning を用いてファインチューニングを行い、性能を評価しましょう。PyTorch Lightning のモデルは、前章で解説したのと同じ要領で書くことができます。下のコードの処理には約 10 分かかります。

```
# 7-13
class BertForSequenceClassificationMultiLabel_pl(pl.LightningModule):

    def __init__(self, model_name, num_labels, lr):
        super().__init__()
        self.save_hyperparameters()
        self.bert_scml = BertForSequenceClassificationMultiLabel(
            model_name, num_labels=num_labels
        )

    def training_step(self, batch, batch_idx):
        output = self.bert_scml(**batch)
        loss = output.loss
        self.log('train_loss', loss)
        return loss

    def validation_step(self, batch, batch_idx):
        output = self.bert_scml(**batch)
```

```
        val_loss = output.loss
        self.log('val_loss', val_loss)

    def test_step(self, batch, batch_idx):
        labels = batch.pop('labels')
        output = self.bert_scml(**batch)
        scores = output.logits
        labels_predicted = ( scores > 0 ).int()
        num_correct = ( labels_predicted == labels ).all(-1).sum().item()
        accuracy = num_correct/scores.size(0)
        self.log('accuracy', accuracy)

    def configure_optimizers(self):
        return torch.optim.Adam(self.parameters(), lr=self.hparams.lr)

checkpoint = pl.callbacks.ModelCheckpoint(
    monitor='val_loss',
    mode='min',
    save_top_k=1,
    save_weights_only=True,
    dirpath='model/',
)

trainer = pl.Trainer(
    gpus=1,
    max_epochs=5,
    callbacks = [checkpoint]
)

model = BertForSequenceClassificationMultiLabel_pl(
    MODEL_NAME,
    num_labels=3,
    lr=1e-5
)
trainer.fit(model, dataloader_train, dataloader_val)
test = trainer.test(test_dataloaders=dataloader_test)
print(f'Accuracy: {test[0]["accuracy"]:.2f}')
```

```
Accuracy: 0.90
```

90%の精度が得られることがわかりました。

最後に、適当な文章を考えファインチューニングしたモデルで実際に推論を行ってみましょう。

```
# 7-14
# 入力する文章
text_list = [
  "今期は売り上げが順調に推移したが、株価は低迷の一途を辿っている。",
  "昨年から黒字が減少した。",
  "今日の飲み会は楽しかった。"
]

# モデルのロード
best_model_path = checkpoint.best_model_path
model = BertForSequenceClassificationMultiLabel_pl.load_from_check
point(best_model_path)
bert_scml = model.bert_scml.cuda()

# データの符号化
encoding = tokenizer(
  text_list,
  padding = 'longest',
  return_tensors='pt'
)
encoding = { k: v.cuda() for k, v in encoding.items() }

# BERTへデータを入力し分類スコアを得る
with torch.no_grad():
  output = bert_scml(**encoding)
scores = output.logits
labels_predicted = ( scores > 0 ).int().cpu().numpy().tolist()

# 結果を表示
for text, label in zip(text_list, labels_predicted):
  print('--')
  print(f'入力：{text}')
  print(f'出力：{label}')
```

```
--
入力：今期は売り上げが順調に推移したが、株価は低迷の一途を辿っている。
出力：[1, 0, 1]
--
入力：昨年から黒字が減少した。
出力：[1, 0, 0]
--
入力：今日の飲み会は楽しかった。
出力：[0, 0, 0]
```

正解は、一つめの例は（ネガティブ、ポジティブ）、二つめの例は（ネガティブ）、三つめの例は（ポジティブ）です。最初の二つの例は、学習データのもとになっている有価証券報告書に登場しそうな文章であり、正しく分類ができています。しかしながら、三つめの例は人間には容易にポジティブと判定できるものの、学習データには登場しないような文章であり、正しく分類されませんでした。このように、BERTは精度は高いと言っても、万能なわけではなく、表現や内容が学習データとまったく異なるようなデータに対しては、正しくは動作しません。

・第7章のまとめ

本章ではマルチラベルの文章分類のためのPyTorchモデルを実装し、ファインチューニング、性能評価を行いました。シングルラベル・マルチラベルとも応用でよく用いられるので、その違いを理解し、状況に応じて適切なものを選択するようにしましょう。

第8章

固有表現抽出

本章では、**固有表現抽出**と呼ばれる、文章から人名・組織名といった固有名詞を抽出するタスクを扱います。固有表現抽出は応用の範囲が広い、自然言語処理の基礎的な技術です。本章では、固有表現抽出のアルゴリズムの全体像を理解するために、まず簡易な方法を解説します。そして、BERTによる固有表現抽出を実装し、日本語のWikipediaから作られた固有表現抽出のデータセットを用いて、ファインチューニング・性能評価を行います。また、後半ではより一般的なアルゴリズムについても解説します。

第8章の目標

- **固有表現抽出を行うためのアルゴリズムを理解する。**
- **BERTを用いて固有表現抽出を実装し、ファインチューニングと性能の評価を行う。**

8-1 コード・ライブラリの準備

本章のNotebookは、レポジトリにあるChapter8.ipynbのファイルです。このファイルをGoogle Drive上にアップロードしファイルを開くか、または次のURLにアクセスしてください。

- https://colab.research.google.com/github/stockmarkteam/bert-book/blob/master/Chapter8.ipynb

まず、現在のディレクトリにchap8というディレクトリを作成し、以降はそこで作業するものとします。

```
# 8-1
!mkdir chap8
%cd ./chap8
```

本章で必要な外部ライブラリをインストールし、また用いるライブラリも読み込んでおきます。

```
# 8-2
!pip install transformers==4.5.0 fugashi==1.1.0 ipadic==1.0.0 py
torch-lightning==1.2.7
```

```
# 8-3
import itertools
import random
import json
from tqdm import tqdm
import numpy as np
```

```
import unicodedata

import torch
from torch.utils.data import DataLoader
from transformers import BertJapaneseTokenizer, BertForTokenClassifi
cation
import pytorch_lightning as pl

# 日本語学習済みモデル
MODEL_NAME = 'cl-tohoku/bert-base-japanese-whole-word-masking'
```

8-2 固有表現抽出とは

固有表現抽出とは、文章から人名・組織名といった固有名詞、日付などの時間表現、金額などの数値表現を抽出する、自然言語処理の基礎的な技術です。たとえば次のような文章から、「組織名」と「人名」を抽出してみましょう。

```
A さんは BCD 株式会社を起業した。
```

結果は次のようになるはずです。

- A（人名）
- BCD 株式会社（組織名）

このように、固有表現抽出では、文章が与えられたときに、そのなかから固有表現に対応する文字列を抜き出し、抽出したそれぞれの固有表現のカテゴリーを判定します。

上の例では、固有表現のカテゴリーとして組織名と人名のみを考えましたが、扱う固有表現のカテゴリーは考える問題によって変わります。一般的な固有表現のカテゴリーの定義としては、

- **IREX**：https://nlp.cs.nyu.edu/irex/NE/
- **拡張固有表現階層**：http://ene-project.info/

などがあります。よく用いられる IREX の定義では、固有表現のカテゴリーは次のようになっています。

- 組織名、政府組織名
- 固有物名
- 人名
- 地名
- 日付表現
- 時間表現
- 金額表現
- 割合表現

しかしながら、より限定的なケース、たとえば「化学の専門書から化学物質の名称を抽出する」などの設定を考えることも可能です。

固有表現抽出の応用例はさまざまなものが考えられます。一つの例として、固有表現抽出を用いて抽出された固有表現により、文章を特徴付けることが考えられます。たとえば、観光に関する口コミサイトで、ユーザーの投稿した文章から観光スポットやレストランの名前を抽出して、それをその投稿にタグ付けするというものです。これにより、他のユーザーはタグを見るだけで、どこの観光地についての投稿かを、すぐに把握することが可能になります。また個人情報保護のために文章中の人名に対してマスクをかける処理を、固有表現抽出を用いて自動化するということも考えられます。

参考までに、固有表現抽出の理論について詳しい書籍としては、[1] の文献などがあります。

8-3 文字列の正規化

実際のテキストデータでは、いろいろなタイプの表記揺れが存在します。たとえば、アルファベットが全角の「ＡＢＣ株式会社」と半角の「ABC 株式会社」は、通常であれば同じものを意味します。しかしコンピュータ上では全角と半角が異なる記号として扱われるので、コンピュータは上の二つは異なるものとして認識します。そのため、半角・全角の違いのように、実質的に同じ文字はどちらかに統一してしまうことがよく行われます。これを文字の**正規化**と呼びます。

Python には、正規化のための関数 `unicodedata.normalize` があります。この関数は、文字列 `text` に対して `unicodedata.normalize('NFKC', text)` で正規化された文字列が出力されます。ここで `NFKC` は、正規化のモードです。

```
# 8-4
normalize = lambda s: unicodedata.normalize("NFKC",s)
print(f'ＡＢＣ -> {normalize("ＡＢＣ")}' )  # 全角アルファベット
print(f'ABC -> {normalize("ABC")}' )     # 半角アルファベット
print(f'１２３ -> {normalize("１２３")}' )  # 全角数字
print(f'123 -> {normalize("123")}' )     # 半角数字
print(f'アイウ -> {normalize("アイウ")}' )  # 全角カタカナ
print(f'ｱｲｳ -> {normalize("ｱｲｳ")}' )     # 半角カタカナ
```

```
ＡＢＣ -> ABC
ABC -> ABC
１２３ -> 123
123 -> 123
アイウ -> アイウ
ｱｲｳ -> アイウ
```

このように、英数字は半角に、カタカナは全角に文字が統一されることがわかります。とくに、固有表現抽出などでは文字の詳細な情報がモデルの出力に影響を及ぼすので、本章では unicodedata.normalize の関数を用いて、事前に正規化を行います。

8-4 固有表現のデータ表現

本章では、文章に含まれる固有表現を次のような形式で表現します。

```
text = 'AさんはBCD株式会社を起業した。'
entities =[
    {'name':'A', 'span':[0, 1], 'type':'人名', 'type_id':1},
    {'name':'BCD株式会社', 'span':[4, 11], 'type':'組織名', 'type_id':2}
]
```

ここで text は固有表現抽出を行う文章を表し、entities が text に含まれる固有表現のリストです。entities の各要素は各固有表現に対応しており、name は固有表現に対応する文字列、span は文章中でのその固有表現の位置（たとえば "BCD 株式会社" は text[4：11]に対応する）、type は固有表現のタイプ、type_id は固有表現のタイプを正の整数で表現した ID（ここでは人名は 1、組織名は 2）となっています。type と type_id は変換テーブルを用意しておけば、一対一の対応関係があるので、どちらかがあれば十分です。

8-5 固有表現抽出の実装：IO 法

本節では、固有表現抽出のアルゴリズムについて解説します。この節では、固有表現抽出のアルゴリズムの全体像を把握しやすくすることを目的に、まず簡易な方法である IO 法について解説します。より一般的な方法は、本章後半の 8-9 節「固有表現抽出の実装：BIO 法」で解説します。

 タグ付け法

文章に含まれる固有表現を、前節で解説したような形式で表現すると、人間にとっては理解しやすくなります。しかし、このままでは BERT で扱うことはできません。固有表現抽出を実装するときには、各トークンにタグを与えることにより、文章中のどの文字列が固有表現なのかということと、それぞれの固有表現のカテゴリーを同時に表現します。

トークンにタグを与える方法はさまざまなものが考えられますが、全体の流れを掴みやすくするために、まずここでは **IO 法**と呼ばれる簡易な方法を解説します。IO 法では多くの場合に有効であるものの、一部対応できないケースもあります。そのため、本章の後半の「固有表現抽出の実装：BIO 法」では、より一般的であるが、ここで解説する方法に比べるとやや複雑な方法について解説します。

ここで、IO 法は次のようなものです。

- トークンが固有表現の一部であれば、そのトークンのタグは `I-(TYPE)` とします。`TYPE` は固有表現のタイプを表す文字列で、たとえば人名の場合にはタグは `I-`(人名) となります。
- トークンが固有表現の一部でなければ、そのトークンのタグは `O` とします。

タグの `I` と `O` はそれぞれ Inside と Outside を表しています。たとえば、前節の文章をタグ付けすると、表 8.1 のようになります。

表 8.1　IO 法によるタグ付けの例①

トークン	タグ
A	I-(人名)
さん	O
は	O
BC	I-(組織名)
##D	I-(組織名)
株式会社	I-(組織名)
を	O
起業	O
し	O
た	O
。	O

IO 法を用いるときには、トークン列とタグ列が与えられた場合に、次のようにして、文章中の固有表現を得ます。

- O 以外の同じタグが連続している部分トークン列を結合して、固有表現とします。

表 8.1 の例では、タグ I-(組織名) が連続している「BC」「##D」「株式会社」を連結して、「BCD 株式会社」が組織名であることを表しています。ここで「##D」の最初の「##」はトークナイザが単語を分割したときに付与されたものなので、消してから連結します。

このように、固有表現をそれぞれのトークンに付与されたタグで表現することで、BERT で固有表現抽出を行えるようになります。具体的には、BERT にトークン列を入力し、それぞれのトークンに対するタグを予測することで、固有表現抽出を行います。

しかしながら、IO 法では同じタイプの固有表現が連続する場合に、それらをまとめたものが一つの固有表現として認識されてしまうという問題もあります。たとえば、次のような文章を考えましょう。

日米間で協議が行われた。

この文章では、「日」と「米」がそれぞれ国名を表す固有表現で、トークンとタグは表 8.2 のようになります。

表 8.2　IO 法によるタグ付けの例②

トークン	タグ
日	I-(国名)
米	I-(国名)
間	O
で	O
協議	O
が	O
行わ	O
れ	O
た	O
。	O

そのため、上で解説した方法でタグ列を固有表現に変換すると、「日」と「米」をまとめた「日米」が国名として誤って抽出されてしまいます。

IO 法には、このような欠点はあるものの、一般的にはこういったケースは少数であり、IO 法でも多くの場合で有効です。ただし、同じカテゴリーの固有表現が連続しているケースに厳密に対応する必要がある場合には、本章の後半の「固有表現抽出の実装：BIO 法」で解説する方法などを用いる必要がありますが、アルゴリズムはやや複雑になります。

2 トークナイザ

前項では、文章中の固有表現はタグを用いて表現されることを解説しました。そのため固有表現抽出を実装する際には、文章と固有表現からタグ列を作成したり、逆に、BERT が出力したタグ列から文章中の固有表現を得る関数を実装する必要があります。本項では、以下の三つの関数を実装します。

- 文章と固有表現が与えられたときに、文章の符号化とタグ列の作成を行い、モデルに入力できる形式にする関数［学習］
- 文章を符号化するとともに、各トークンの文章中の位置を特定する関数［推論］
- 文章とタグ列と各トークンの文章中の位置が与えられたときに、文章中に含まれる固有表現に対応する文字列や位置を特定する関数［推論］

それぞれの関数の中身はやや煩雑なので、それぞれが固有表現抽出でどのように使われるかを理解すれば十分です。これらの関数は、トークナイザを拡張して、以下のようなクラスとして実装されます。

```
# 8-5
class NER_tokenizer(BertJapaneseTokenizer):

  def encode_plus_tagged(self, text, entities, max_length):
    """
    文章とそれに含まれる固有表現が与えられたときに、
    符号化とラベル列の作成を行う
    """
    # 固有表現の前後で text を分割し、それぞれのラベルを付けておく
    entities = sorted(entities, key=lambda x: x['span'][0])
    splitted = [] # 分割後の文字列を追加していく
    position = 0
    for entity in entities:
      start = entity['span'][0]
      end = entity['span'][1]
      label = entity['type_id']
```

```
            # 固有表現ではないものには0のラベルを付与
            splitted.append({'text':text[position:start], 'label':0})
            # 固有表現には、固有表現のタイプに対応するIDをラベルとして付与
            splitted.append({'text':text[start:end], 'label':label})
            position = end
        splitted.append({'text': text[position:], 'label':0})
        splitted = [ s for s in splitted if s['text'] ] # 長さ0の文字列は除く

        # 分割されたそれぞれの文字列をトークン化し、ラベルを付ける
        tokens = [] # トークンを追加していく
        labels = [] # トークンのラベルを追加していく
        for text_splitted in splitted:
            text = text_splitted['text']
            label = text_splitted['label']
            tokens_splitted = self.tokenize(text)
            labels_splitted = [label] * len(tokens_splitted)
            tokens.extend(tokens_splitted)
            labels.extend(labels_splitted)

        # 符号化を行いBERTに入力できる形式にする
        input_ids = self.convert_tokens_to_ids(tokens)
        encoding = self.prepare_for_model(
            input_ids,
            max_length=max_length,
            padding='max_length',
            truncation=True
        ) # input_idsをencodingに変換
        # 特殊トークン[CLS]、[SEP]のラベルを0にする
        labels = [0] + labels[:max_length-2] + [0]
        # 特殊トークン[PAD]のラベルを0にする
        labels = labels + [0]*( max_length - len(labels) )
        encoding['labels'] = labels

        return encoding

    def encode_plus_untagged(
        self, text, max_length=None, return_tensors=None
    ):
        """
        文章をトークン化し、それぞれのトークンの文章中の位置も特定しておく
        """
        # 文章のトークン化を行い、
        # それぞれのトークンと文章中の文字列を対応付ける
```

```
tokens = [] # トークンを追加していく
tokens_original = [] # トークンに対応する文章中の文字列を追加していく
words = self.word_tokenizer.tokenize(text) # MeCabで単語に分割
for word in words:
  # 単語をサブワードに分割
  tokens_word = self.subword_tokenizer.tokenize(word)
  tokens.extend(tokens_word)
  if tokens_word[0] == '[UNK]': # 未知語への対応
    tokens_original.append(word)
  else:
    tokens_original.extend([
      token.replace('##','') for token in tokens_word
    ])

# 各トークンの文章中での位置を調べる（空白の位置を考慮する）
position = 0
spans = [] # トークンの位置を追加していく
for token in tokens_original:
  l = len(token)
  while 1:
    if token != text[position:position+l]:
      position += 1
    else:
      spans.append([position, position+l])
      position += l
      break

# 符号化を行いBERTに入力できる形式にする
input_ids = self.convert_tokens_to_ids(tokens)
encoding = self.prepare_for_model(
  input_ids,
  max_length=max_length,
  padding='max_length' if max_length else False,
  truncation=True if max_length else False
)
sequence_length = len(encoding['input_ids'])
# 特殊トークン[CLS]に対するダミーのspanを追加
spans = [[-1, -1]] + spans[:sequence_length-2]
# 特殊トークン[SEP]、[PAD]に対するダミーのspanを追加
spans = spans + [[-1, -1]] * ( sequence_length - len(spans) )

# 必要に応じてtorch.Tensorにする
if return_tensors == 'pt':
```

```
        encoding = { k: torch.tensor([v]) for k, v in encoding.items() }

        return encoding, spans

    def convert_bert_output_to_entities(self, text, labels, spans):
        """
        文章、ラベル列の予測値、各トークンの位置から固有表現を得る
        """
        # labels, spans から特殊トークンに対応する部分を取り除く
        labels = [label for label, span in zip(labels, spans) if span[0] !=
-1]
        spans = [span for span in spans if span[0] != -1]

        # 同じラベルが連続するトークンをまとめて、固有表現を抽出する
        entities = []
        for label, group \
          in itertools.groupby(enumerate(labels), key=lambda x: x[1]):

          group = list(group)
          start = spans[group[0][0]][0]
          end = spans[group[-1][0]][1]

          if label != 0: # ラベルが 0 以外ならば、新たな固有表現として追加
            entity = {
              "name": text[start:end],
              "span": [start, end],
              "type_id": label
            }
            entities.append(entity)

        return entities
```

このクラスは BertJapaneseTokenizer を継承しており、下のコードでインスタンス化できます。

```
# 8-6
tokenizer = NER_tokenizer.from_pretrained(MODEL_NAME)
```

BERT で処理するときには、タグは 0 以上の整数に置き換えて処理します。ここでは、これをラベルと呼び、タグと区別します。O タグには 0 のラベルを割り当て、I-タグにはそれぞれの固有表現の type_id をラベルとしてそのまま割り当てます（type_id については 8-4 節「固有表現のデータ表現」を参照のこと）。

まず一つめの関数についてです。学習時には、文章とそれに含まれる固有表現からなるデータが与えられ、文章をトークン化して、それぞれのトークンに固有表現に応じたラベルを付与します。この処理で問題となることは、トークン化を行ったときに、必ずしも固有表現の周りで文章が分割されないということです。たとえば、次のような文章を考えてみましょう。

```
昨日のみらい事務所との打ち合わせは順調だった。
```

ここでは「みらい事務所」が固有表現（組織名）ですが、これをトークン化すると次のようになります。

```
'昨', '## 日', 'のみ', 'らい', ' 事務所', 'と', 'の', '打ち', '## 合わせ',
'は', '順調', 'だっ', 'た', '。'
```

「みらい事務所」の前の「の」と「み」が誤って連結されて一つのトークンになってしまい、このままでは固有表現「みらい事務所」をタグで表現することができません。このような問題を解決するためには、トークン化したときに、固有表現の周りで必ず文章が分割されるようにする必要があります。そのために、ここではまず、事前に固有表現の境界で文章を分割しておくという方法をとります。上の例だと、まず次のように文章を分割しておきます。

```
'昨日の', 'みらい事務所', 'との打ち合わせは順調だった。'
```

そして、分割後の文章をそれぞれトークン化します。実際に、この方法で上の文章をトークン化すると次のようになり、固有表現の境界で文章が分割されていることがわかります[*1]。

```
'昨', '## 日', 'の', 'み', 'らい', '事務所', 'と', 'の', '打ち', '## 合わ
せ', 'は', '順調', 'だっ', 'た', '。'
```

関数 encode_plus_tagged は、上で説明した方法でトークン化を行い、それぞれのトークンに固有表現のタイプに応じたラベルを付与し、最終的にそれを符号化し BERT に入力できるような形にします。

```
# 8-7
text = '昨日のみらい事務所との打ち合わせは順調だった。'
entities = [
  {'name': 'みらい事務所', 'span': [3,9], 'type_id': 1}
]

encoding = tokenizer.encode_plus_tagged(
```

*1　参考までに、文章をそのままトークン化したものと、固有表現の前後で分割したあとにトークン化したものを比べると、データセットのうち 90% の文章で結果は一致します。

```
    text, entities, max_length=20
)
print(encoding)
```

```
{
    'input_ids': [2, 10271, 28486, 5, 546, 10780, 2464, 13, 5, 1878, ...],
    'token_type_ids': [0, 0, 0, 0, 0, 0, 0, 0, 0, 0, ...],
    'attention_mask': [1, 1, 1, 1, 1, 1, 1, 1, 1, 1, ...],
    'labels': [0, 0, 0, 0, 1, 1, 1, 0, 0, 0, ...]
}
```

出力 `encoding` には、トークナイザによって出力される `input_ids`、`token_type_ids`、`attention_mask` の他に、それぞれのトークンのラベルを表す `labels` が加えられています。

次に、二つめの関数についてです。推論時ではトークンごとのラベルを予測し、最終的にはそれを固有表現に変換します。このときには、未知語や文章中の空白の扱いに注意が必要です。たとえば、次のような文章を考えてみましょう。

騰訊の英語名は `Tencent Holdings Ltd` である。

これをトークン化し、組織名である「騰訊」と「Tencent Holdings Ltd」にラベル 1 を付与すると、表 8.3 のようになります。

表 8.3　推論時におけるトークン化の例

トークン	ラベル	文章中の文字列	文章中の位置	トークン	ラベル	文章中の文字列	文章中の位置
[CLS]	0		[−1、−1]	##n	1	n	[12, 13]
[UNK]	1	騰	[0, 1]	##t	1	t	[13, 14]
訊	1	訊	[1, 2]	Hol	1	Hol	[15, 18]
の	0	の	[2, 3]	##d	1	d	[18, 19]
英語	0	英語	[3, 5]	##ings	1	ings	[19, 23]
名	0	名	[5, 6]	Ltd	1	Ltd	[24, 27]
は	0	は	[6, 7]	で	0	で	[27, 28]
Te	1	Te	[7, 9]	ある	0	ある	[28, 30]
##n	1	n	[9, 10]	。	0	。	[30, 31]
##ce	1	ce	[10, 12]	[SEP]	0		[−1、−1]

まず、「騰」は未知語であるため、トークンは [UNK] になってしまいます。そのため、[UNK] が文章中のどの文字列に対応しているかを事前に把握しておかないと、トークン列を固有表現に変換することができません。また、トークン化で「Tencent Holdings Ltd」の空白は削除されてしまいます（正確には MeCab の処理によって削除される）。そのため、トークン列('Te', '##n', '##ce', '##n', '##t', 'Hol', '##d', '##ings', 'Ltd')を固有表現に変換するためには、空白がどの位置にあったかを調べる必要があります。このような問題のため、トークン化の際に、各トークンがもとの文章のどの位置にあったかを特定しておくと、ラベル列を固有表現に変換するときや、後に性能評価を行うときに便利です。

encode_plus_untagged は文章を符号化し、空白や未知語を考慮して、文章中でのそれぞれのトークンの位置も返します。

```
# 8-8
text = '騰訊の英語名はTencent Holdings Ltdである。'
encoding, spans = tokenizer.encode_plus_untagged(
  text, return_tensors='pt'
)
print('# encoding')
print(encoding)
print('# spans')
print(spans)
```

```
# encoding
{
    'input_ids':tensor([[2, 1, 26280, 5, 1543,125, ...]]),
    'token_type_ids':tensor([[0, 0, 0, 0, 0, 0, ...]]),
    'attention_mask':tensor([[1, 1, 1, 1, 1, 1, ...]])
}
# spans
[[-1, -1], [0, 1], [1, 2], [2, 3], [3, 5], [5, 6], ...]
```

ここで encoding は文章を符号化したもの、spans は各トークンの文章中での位置を表すリストです。この関数により、各トークンと文章中の文字列と位置の対応が付くようになります。特殊トークンに対しては、位置はダミーの値 [-1, -1] が付与されます。

最後に、BERT で予測されたラベル列を固有表現に変換する関数、convert_bert_output_to_entities です。この関数は、文章とラベル列と各トークンの文章中の位置から固有表現を出力します。ここでは、上の文に対して正しいラベル列を付与した例で関数を試してみましょう。

```
#8-9
labels_predicted = [0,1,1,0,0,0,0,1,1,1,1,1,1,1,1,1,0,0,0,0]
entities = tokenizer.convert_bert_output_to_entities(
  text, labels_predicted, spans
)
print(entities)
```

```
[
    {'name': '騰訊', 'span': [0, 2], 'type_id': 1},
    {'name': 'Tencent Holdings Ltd', 'span': [7, 27], 'type_id': 1}
]
```

固有表現が正しく抽出できていることがわかります。

3 BERT による固有表現抽出

固有表現抽出は、与えられた文章をトークン化し、それぞれのトークンのラベルを予測する分類問題として扱うことができます。Transformers では、トークン単位の分類を行うためのクラス、**BertForTokenClassification** が提供されています。本項では、これを用いて固有表現抽出を行う方法について解説します。

まず、トークナイザとともにモデルをロードしましょう。BertForTokenClassification をロードするときには、ラベルの数 num_labels を指定する必要があり、タグ付けに IO 法を用いているときは、固有表現のタイプの数に 1 を足したものです（以下の例では、固有表現のタイプの数は 3 なので、num_labels=4 となっています）。

```
# 8-10
tokenizer = NER_tokenizer.from_pretrained(MODEL_NAME)
bert_tc = BertForTokenClassification.from_pretrained(
  MODEL_NAME, num_labels=4
)
bert_tc = bert_tc.cuda()
```

BertForTokenClassification も、学習と推論での二つの使い方があります。

- 推論時に、符号化した文章を入力として、トークンごとのラベルの分類スコアを出力する。
- 学習時に、符号化した文章とトークンごとのラベルを入力として、損失の値を出力する。

たとえば、表 8.4 のようなデータセットを考えてみましょう。

表 8.4　分析するデータの例

文章	固有表現
A さんは B 大学に入学した。	('A'、人名)、('B 大学'、'組織名')
CDE 株式会社は新製品「E」を販売する。	('CDE 株式会社'、組織名)、('E', '製品名')

ここでは固有表現のタイプの ID は組織名が 1、人名が 2、製品名が 3 とします。

まず、一つめの使い方ですが、推論時には符号化された文章を BERT に入力し、トークンごとのラベルの分類スコアを出力として得ます。`BertForTokenClassification` の入出力関係は、図 8.1 のようにまとめられます。BERT が出力する分類スコア `scores` は 3 次元配列の `torch.Tensor` で、サイズは(バッチサイズ, 系列長, ラベルの数)です。i 番目の文章に含まれる j 番目のトークンに対して、1 次元配列 `score[i, j]` の各要素は各ラベルのスコアを与えます（図 8.1 の灰色の部分）。そして、分類スコアが最も高いラベルをそのトークンのラベルの予測値とします。

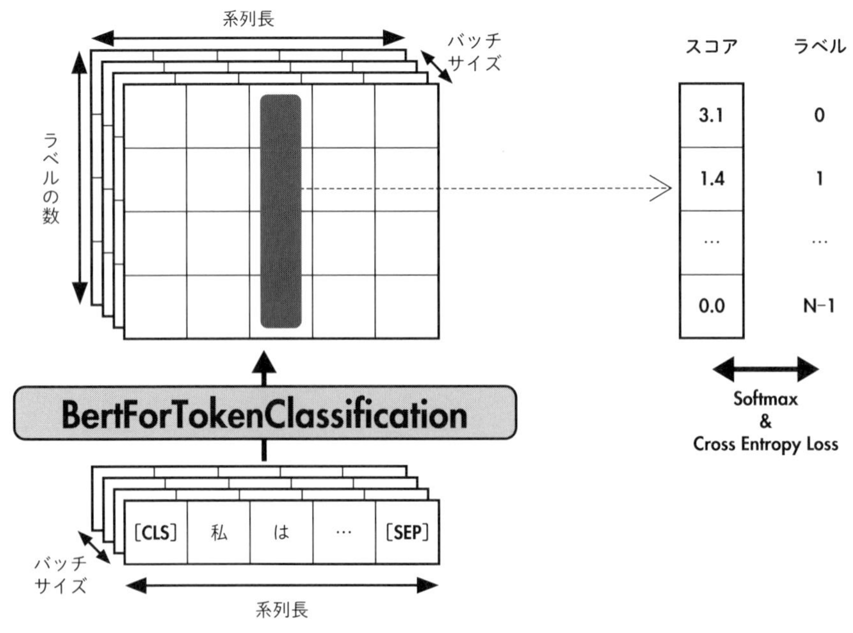

図 8.1　`BertForTokenClassification` の入出力関係

文章の符号化から抽出された固有表現の出力までの一連の流れは、以下のようなコードで実行できます。

```
# 8-11
text = 'A さんは B 大学に入学した。'

# 符号化を行い、各トークンの文章中での位置も特定しておく
encoding, spans = tokenizer.encode_plus_untagged(
  text, return_tensors='pt'
)
encoding = { k: v.cuda() for k, v in encoding.items() }

# BERT でトークン毎の分類スコアを出力し、スコアの最も高いラベルを予測値とする
with torch.no_grad():
  output = bert_tc(**encoding)
  scores = output.logits
  labels_predicted = scores[0].argmax(-1).cpu().numpy().tolist()

# ラベル列を固有表現に変換
entities = tokenizer.convert_bert_output_to_entities(
  text, labels_predicted, spans
)
print(entities)
```

```
[
    {'name': 'A さんは', 'span': [0, 4], 'type_id': 1},
    {'name': 'B', 'span': [4, 5], 'type_id': 2},
    {'name': '大学に入学', 'span': [5, 10], 'type_id': 1},
    {'name': 'し', 'span': [10, 11], 'type_id': 2},
    {'name': 'た', 'span': [11, 12], 'type_id': 1}
]
```

この時点ではまだファインチューニングを行っていないため出力はでたらめですが、期待どおりの形式で本文から抽出された固有表現が出力されていることがわかります。

ここで、`BertForTokenClassification` がどのように実装されているかも簡単に解説します（図 8.2）。`BertForTokenClassification` は、`BertModel` の出力に線形変換を適用したものとして実装されています。線形変換のパラメータに関しては、初期値は乱数で与えておき、ファインチューニングにより学習します。

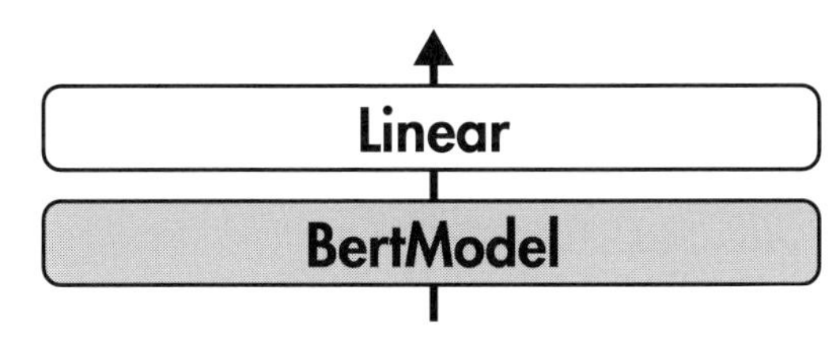

図 8.2　`BertForTokenClassification` の実装

二つめの学習時には、文章を符号化したものと固有表現をラベル列に変換したものをBERTに入力して、損失を計算します。ここで、損失はクロスエントロピーが用いられています。

BertForTokenClassificationは入力にラベル列labelsを含めると損失lossを出力します。前項で解説した関数encode_plus_taggedを用いることで、ラベル列を含んだ形の入力を作ることができます。データの符号化から損失の計算までは以下のコードで実行できます。

```
# 8-12
data = [
  {
    'text': 'AさんはB大学に入学した。',
    'entities': [
      {'name': 'A', 'span': [0, 1], 'type_id': 2},
      {'name': 'B大学', 'span': [4, 7], 'type_id': 1}
    ]
  },
  {
    'text': 'CDE株式会社は新製品「E」を販売する。',
    'entities': [
      {'name': 'CDE株式会社', 'span': [0, 7], 'type_id': 1},
      {'name': 'E', 'span': [12, 13], 'type_id': 3}
    ]
  }
]

# 各データを符号化し、データローダを作成する
max_length=32
dataset_for_loader = []
for sample in data:
  text = sample['text']
  entities = sample['entities']
  encoding = tokenizer.encode_plus_tagged(
    text, entities, max_length=max_length
  )
  encoding = { k: torch.tensor(v) for k, v in encoding.items() }
  dataset_for_loader.append(encoding)
dataloader = DataLoader(dataset_for_loader, batch_size=len(data))

# ミニバッチを取り出し損失を得る
for batch in dataloader:
  batch = { k: v.cuda() for k, v in batch.items() } # GPU
  output = bert_tc(**batch) # BERTへ入力
  loss = output.loss # 損失
```

8-6 データセット：Wikipediaを用いた日本語の固有表現抽出データセット

本章では、ストックマーク社により公開されている、日本語版のWikipediaから作成された固有表現抽出データセットを用います。このデータセットでは、Wikipediaから抜き出された文に対して、表8.5に示す8つのカテゴリーの固有表現がタグ付けされています。

表8.5　Wikipediaを用いた日本語の固有表現抽出データセットにおける8つのカテゴリー

タイプ	固有表現数	タイプのID
人名	2980	1
法人名	2485	2
政治的組織名	1180	3
その他の組織名	1051	4
地名	2157	5
施設名	1108	6
製品名	1215	7
イベント名	1009	8

データの詳細は次のURLにあります。

- https://github.com/stockmarkteam/ner-wikipedia-dataset

まずはデータをダウンロードしましょう。

```
# 8-13
!git clone --branch v2.0 https://github.com/stockmarkteam/ner-wiki
pedia-dataset
```

データのダウンロードが完了すると、新たに ner-wikipedia-dataset という以下のようなディレクトリが作成されます。データセットは、そのなかの ner.json というファイルです。

データはリストであり、各要素が一つのデータに対応しています。各データは次のような辞書で与えられます。

```
{
    'curid' : '2491787',
    'entities' : [
      {'name' : '長岡半太郎', 'span' : [0, 5], 'type' : '人名'},
      {'name' : '半太郎', 'span' : [34, 37], 'type' : '人名'},
      {'name' : '長三郎', 'span' : [46, 49], 'type' : '人名'}],
    'text' : '長岡半太郎とは同郷の先輩後輩関係でかねてから親交があったのみならず、
半太郎は妻や幼子の医療を長三郎に全面的に頼んでいた。'
}
```

それぞれの項目の意味は以下のようになっています。

- **curid**：Wikipedia のページ ID
- **text**：文章
- **entities**：文章に含まれる固有表現

まずデータを読み込み、文字列の正規化を行い、固有表現のカテゴリーを 1〜8 のタイプの ID に変更しましょう。そのあとに、データセットを学習／検証／テスト用に分割しておきましょう。

```
# 8-14
# データのロード
dataset = json.load(open('ner-wikipedia-dataset/ner.json','r'))

# 固有表現のタイプと ID を対応付ける辞書
type_id_dict = {
  "人名": 1,
  "法人名": 2,
```

```
  "政治的組織名": 3,
  "その他の組織名": 4,
  "地名": 5,
  "施設名": 6,
  "製品名": 7,
  "イベント名": 8
}

# カテゴリーをラベルに変更、文字列の正規化する
for sample in dataset:
  sample['text'] = unicodedata.normalize('NFKC', sample['text'])
  for e in sample["entities"]:
    e['type_id'] = type_id_dict[e['type']]
    del e['type']

# データセットの分割
random.shuffle(dataset)
n = len(dataset)
n_train = int(n*0.6)
n_val = int(n*0.2)
dataset_train = dataset[:n_train]
dataset_val = dataset[n_train:n_train+n_val]
dataset_test = dataset[n_train+n_val:]
```

8-7 ファインチューニング

ファインチューニングのために、学習・検証データに対するデータローダを作成します。

```
# 8-15
def create_dataset(tokenizer, dataset, max_length):
  """
  データセットをデータローダに入力できる形に整形
  """
  dataset_for_loader = []
  for sample in dataset:
    text = sample['text']
    entities = sample['entities']
    encoding = tokenizer.encode_plus_tagged(
      text, entities, max_length=max_length
    )
    encoding = { k: torch.tensor(v) for k, v in encoding.items() }
```

```
        dataset_for_loader.append(encoding)
    return dataset_for_loader

# トークナイザのロード
tokenizer = NER_tokenizer.from_pretrained(MODEL_NAME)

# データセットの作成
max_length = 128
dataset_train_for_loader = create_dataset(
    tokenizer, dataset_train, max_length
)
dataset_val_for_loader = create_dataset(
    tokenizer, dataset_val, max_length
)

# データローダの作成
dataloader_train = DataLoader(
    dataset_train_for_loader, batch_size=32, shuffle=True
)
dataloader_val = DataLoader(dataset_val_for_loader, batch_size=256)
```

次に、PyTorch Ligtning でファインチューニングを行います。これまでの章で扱ったものとほぼ同じようなコードで、ファインチューニングを行うことができます。下のコードは約10分ほど時間がかかります。固有表現抽出の性能評価はやや複雑なため、次節で改めて解説します。

```
# 8-16
# PyTorch Lightning のモデル
class BertForTokenClassification_pl(pl.LightningModule):

    def __init__(self, model_name, num_labels, lr):
        super().__init__()
        self.save_hyperparameters()
        self.bert_tc = BertForTokenClassification.from_pretrained(
            model_name,
            num_labels=num_labels
        )

    def training_step(self, batch, batch_idx):
        output = self.bert_tc(**batch)
        loss = output.loss
        self.log('train_loss', loss)
```

```
        return loss

    def validation_step(self, batch, batch_idx):
        output = self.bert_tc(**batch)
        val_loss = output.loss
        self.log('val_loss', val_loss)

    def configure_optimizers(self):
        return torch.optim.Adam(self.parameters(), lr=self.hparams.lr)

checkpoint = pl.callbacks.ModelCheckpoint(
    monitor='val_loss',
    mode='min',
    save_top_k=1,
    save_weights_only=True,
    dirpath='model/'
)

trainer = pl.Trainer(
    gpus=1,
    max_epochs=5,
    callbacks=[checkpoint]
)

# ファインチューニング
model = BertForTokenClassification_pl(
    MODEL_NAME, num_labels=9, lr=1e-5
)
trainer.fit(model, dataloader_train, dataloader_val)
best_model_path = checkpoint.best_model_path
```

8-8 固有表現抽出の性能評価

固有表現抽出の性能の評価は、おもに次のような指標で行われます。

- **適合率**：モデルが抽出した固有表現のうち、実際に固有表現であった（予測が正解だった）ものの割合。
- **再現率**：文章中に含まれる固有表現のうち、モデルが正しく抽出できた固有表現の割合。
- **F　値**：適合率と再現率の調和平均、2×（適合率）×（再現率）/{（適合率）＋（再現率）}

ここでは、モデルが抽出した固有表現の文章中の位置と固有表現のタイプの両方が正解と一致したときに、予測が正解であったと判定します。
ここで、次のような例を用いて、実際に上の指標を計算してみましょう。

A さんは 2000 年に B 大学に入学した。

このなかで固有表現は（'A'、人名)、('2000 年'、時間)、('B 大学'、組織名）の三つです。このとき、モデルが抽出した固有表現が（'A'、人名)、('入学'、組織名）の二つであったとしましょう。モデルの最初の出力は正解で、二つめは不正解です。

このときに、モデルは固有表現として二つの出力を行い、正解はそのうち一つであったため、適合率は 1/2 です。また文章中に含まれる固有表現の数は三つであり、そのなかの一つがモデルにより正しく抽出されたので、再現率は 1/3 です。その結果、F 値は 0.4 です。
適合率はモデルの予測の正確性を図るような指標で、その一方で再現率はモデルの予測の網羅性を図るような指標です。この二つの指標は互いに相反する性質があります。というのは、適合率を上げたければ、自信のあるもののみを固有表現として出力すればよいのですが、そうすると、文章に含まれる固有表現のうち、正しく抽出されるものの数は減るので再現率は下がってしまいます。逆に、再現率を上げようとすれば、出力する予測の数を増やせばよいですが、間違いは増えるので適合率は下がってしまいます。F 値はこれら両方の指標の調和平均をとることで、全体的なバランスを見ています。なお、上の例ではすべての固有表現のタイプを混ぜて指標を求めましたが、固有表現のタイプごとにこのような解析を行うことも可能です。

以下では、ファインチューニングした BERT の固有表現抽出の性能を評価します。そのために、まずテストデータに対して BERT で固有表現抽出を行います。

```
# 8-17
def predict(text, tokenizer, bert_tc):
  """
  BERTで固有表現抽出を行うための関数
  """
  # 符号化
  encoding, spans = tokenizer.encode_plus_untagged(
    text, return_tensors='pt'
  )
  encoding = { k: v.cuda() for k, v in encoding.items() }

  # ラベルの予測値の計算
  with torch.no_grad():
    output = bert_tc(**encoding)
    scores = output.logits
    labels_predicted = scores[0].argmax(-1).cpu().numpy().tolist()

  # ラベル列を固有表現に変換
  entities = tokenizer.convert_bert_output_to_entities(
    text, labels_predicted, spans
  )

  return entities

# トークナイザのロード
tokenizer = NER_tokenizer.from_pretrained(MODEL_NAME)

# ファインチューニングしたモデルをロードし、GPUにのせる
model = BertForTokenClassification_pl.load_from_checkpoint(
  best_model_path
)
bert_tc = model.bert_tc.cuda()

# 固有表現抽出
# 注：以下ではコードのわかりやすさのために、1データずつ処理しているが、
# バッチ化して処理を行ったほうが処理時間は短い
entities_list = [] # 正解の固有表現を追加していく
entities_predicted_list = [] # 抽出された固有表現を追加していく
for sample in tqdm(dataset_test):
  text = sample['text']
  entities_predicted = predict(text, tokenizer, bert_tc) # BERTで予測
  entities_list.append(sample['entities'])
  entities_predicted_list.append( entities_predicted )
```

ここで、`entities_list` はリストで各要素は各文章に含まれる固有表現です。`entities_predicted_list` も同様ですが、こちらはBERTで予測された結果になります。確認のため、これらの中身を見てみましょう。

```
# 8-18
print("# 正解")
print(entities_list[0])
print("# 抽出")
print(entities_predicted_list[0])
```

```
# データを最初にランダムにシャッフルしているので、
# 実際には下の例とは違うものが出力されます。
# 正解
[
    {'name' : '伊藤', 'span' : [0, 2], 'type_id' : 1},
    {'name' : 'ヤン・フレデリク・フェイルケ', 'span' : [17, 31], 'type_id' : 1},
    {'name' : '富士山', 'span' :[34, 37], 'type_id' : 5},
    {'name' : '富嶽図', 'span' :[41, 44], 'type_id' : 7}
]
# 抽出
[
    {'name' : '伊藤', 'span' : [0, 2], 'type_id' : 1},
    {'name' : 'ヤン・フレデリク・フェイルケ', 'span' : [17, 31], 'type_id' : 1},
    {'name' : '富嶽図', 'span' : [41, 44], 'type_id' : 7}
]
```

この例は、以下の文章の固有表現抽出の結果で、BERTの予測において「富士山」が漏れてしまったことを表しています。

伊藤家には、海外の収集品の他にも、ヤン・フレデリク・フェイルケによる富士山の墨絵「富嶽図」も残されている。

評価は下のような関数で行うことができます。

```
# 8-19
def evaluate_model(entities_list, entities_predicted_list, type_
id=None):
    """
    正解と予測を比較し、モデルの固有表現抽出の性能を評価する
    type_idがNoneのときは、すべての固有表現のタイプに対して評価する
    type_idが整数を指定すると、その固有表現のタイプのIDに対して評価を行う
    """
    num_entities = 0 # 固有表現(正解)の個数
```

```
num_predictions = 0 # BERTにより予測された固有表現の個数
num_correct = 0 # BERTの予測のうち正解であった固有表現の数

# それぞれの文章で予測と正解を比較
# 予測は文章中の位置とタイプIDが一致すれば正解とみなす
for entities, entities_predicted \
  in zip(entities_list, entities_predicted_list):

  if type_id:
    entities = [ e for e in entities if e['type_id'] == type_id ]
    entities_predicted = [
      e for e in entities_predicted if e['type_id'] == type_id
    ]

  get_span_type = lambda e: (e['span'][0], e['span'][1], e['type_id'])
  set_entities = set( get_span_type(e) for e in entities )
  set_entities_predicted = \
    set( get_span_type(e) for e in entities_predicted )

  num_entities += len(entities)
  num_predictions += len(entities_predicted)
  num_correct += len( set_entities & set_entities_predicted )

# 指標を計算
precision = num_correct/num_predictions # 適合率
recall = num_correct/num_entities # 再現率
f_value = 2*precision*recall/(precision+recall) # F値

result = {
  'num_entities': num_entities,
  'num_predictions': num_predictions,
  'num_correct': num_correct,
  'precision': precision,
  'recall': recall,
  'f_value': f_value
}

return result
```

たとえば、固有表現のタイプ全体での評価は、次のように得られます。

```
# 8-20
print( evaluate_model(entities_list, entities_predicted_list) )
```

```
{
    'num_entities': 2612, # 固有表現数
    'num_predictions': 2720, # 予測数
    'num_correct': 2295, # 正解数
    'precision': 0.84375, # 適合率
    'recall': 0.8786370597243491, # 再現率
    'f_value': 0.8608402100525131 # F値
}
```

この例は、BERTが文章に含まれている固有表現のうち88%を正しく抽出できており、予測した固有表現のうち84%が正解であったということを意味しています。F値は0.86です。

また、`evaluate_model`の引数に`type_id`を指定することにより、それぞれのカテゴリーごとの評価をすることもできます。結果は表8.6のようにまとめられます。その結果から、データセット全体で2,000以上の固有表現が含まれていた人名や法人名や地名のカテゴリーでは、F値が0.9程度と高い値をとっており、それ以外のカテゴリーでは、おおむね0.8程度かそれ以下になっています。そのため、学習データを増やすことで性能向上につながりそうです。

表8.6　IO法に基づくBERTの固有表現抽出の性能評価

カテゴリー	固有表現数	予測数	正解数	適合率	再現率	F値
ALL	2612	2720	2295	0.84	0.88	0.86
人名	596	599	571	0.95	0.96	0.96
法人名	472	531	442	0.83	0.94	0.88
政治的組織名	233	255	207	0.81	0.89	0.85
その他の組織名	193	187	154	0.82	0.80	0.81
地名	468	456	407	0.89	0.87	0.88
施設名	190	212	154	0.73	0.81	0.77
製品名	234	242	162	0.67	0.69	0.68
イベント名	226	238	198	0.83	0.88	0.85

8-9 固有表現抽出の実装：BIO 法

これまでに解説した IO 法では、同じタイプの固有表現が連続する場合には、それらを連結したものが固有表現として認識されてしまうという問題があるということを解説しました。そのため、一般的に、固有表現の境界には別のラベルを付与する方法が用いられます。よく使われている **BIO 法**では、トークンを以下のようにタグ付けします。

- トークンが固有表現に含まれており、それが固有表現の先頭に位置するならば `B-(TYPE)` のタグを、先頭以外のトークンには `I-(TYPE)` のタグを付与します。ここで `TYPE` は固有表現のタイプを表す文字列であり、たとえば人名に対するタグは、`B-`(人名)、`I-`(人名) のようになります。
- トークンが固有表現に含まれていないならば、`O` のタグを付与します。

単一のトークンのみからなる固有表現には `B-(TYPE)` がタグが付与されます。ここで、タグの B は「Beginning」、I は「Inside」、O は「Outside」を表します。

たとえば、次の文章を BIO 法に基づいてタグ付すると、表 8.7 のようになります。

日米間の協議が ABC 会議場で行われた。

表 8.7 BIO 法に基づくタグ付けの例

トークン	タグ
日	B-(地名)
米	B-(地名)
間	O
の	O
協議	O
が	O
ABC	B-(施設名)
会議	I-(施設名)
場	I-(施設名)
で	O
行わ	O
れ	O
た	O
。	O

「日米」などの連続して地名が続くような場合には、それぞれに B-(地名) のタグがそれぞれに付くので、これらが別々の固有表現であることがわかります。このように、BIO 法では正確に文章中の固有表現をタグ列として表現することができます。

BERT に入力する際には、タグを数字のラベルに置き換えます。以下の Wikipedia の固有表現抽出データセットを用いた解析では、タグの O のラベルは 0 とし、それぞれの固有表現のカテゴリーの B-タグと I-タグのラベルは、表 8.8 のようにします。

表 8.8　B-タグと I-タグのラベル

カテゴリー	B-タグ	I-タグ
人名	1	9
法人名	2	10
政治的組織名	3	11
その他組織	4	12
地名	5	13
施設名	6	14
製品名	7	15
イベント名	8	16

この設定では、BERT を用いて各トークンごとのラベルを 0～16 の 17 の選択肢のなかから予測することで、固有表現抽出を行います。一般に、固有表現のタイプの数が m のときには、トークンごとに $2m+1$ 種類のカテゴリーの分類を行います。

ただし、BIO 法を用いる場合には、BERT の出力からラベル列の予測値を決めるときに注意が必要です。前章では、それぞれのトークンごとにスコアが最も高くなるラベルを予測値として選びましたが、BIO 法のラベリングにこの方法を使うことができません。というのは、BIO 法では、

- I-タグは、同じカテゴリーの B-タグ、または同じカテゴリーの I-タグのあとにしか現れない。

というルールがあります。しかし、上の方法でラベルの予測値を決めると、このルールに従わない予測が出力される可能性があるからです。たとえば、下のようなルールに従わないタグ列が出力されてしまう確率は 0 ではありません。

```
O, O, I-(人名), O, O, B-(人名), I-(組織名), O, O
```

この問題は、各ラベルの予測値を、各トークンのスコアのみから互いに独立に決めていることに起因します。BIO 法では、ルールに従うラベル列のうち、トークンごとのラベルのスコアの合計が最も高いラベル列の予測値とすれば妥当な予測を得ることができます。

これを効率的に行うために、それぞれの連続するラベルのペアがルールに従わないときに、ペナルティを課すというアプローチを用います。そして、スコアの合計からペナルティを引いた値を最大にするようなラベル列を選ぶことを考えます。ここで、ペナルティの値は、ルールに従っているペアに対しては 0（つまりペナルティは与えない）とし、ルールに従っていないペアには大きなペナルティ、たとえば 10,000 とします。このようにすることで、ルールを満たさないラベル列では大きなペナルティが発生するため、そのようなラベル列は選ばれなくなります。また、詳しくは本書では解説しませんが、この問題は Viterbi **アルゴリズム**という方法によって、最適なラベル列を効率的に得ることができます。

下のクラスは、BIO 法を用いるときのトークナイザです。BERT の出力をラベル列の予測値に変換するときに、ここで説明した方法を使っています。

```
# 8-21
class NER_tokenizer_BIO(BertJapaneseTokenizer):

  # 初期化時に固有表現のカテゴリーの数 'num_entity_type' を
  # 受け入れるようにする
  def __init__(self, *args, **kwargs):
    self.num_entity_type = kwargs.pop('num_entity_type')
    super().__init__(*args, **kwargs)

  def encode_plus_tagged(self, text, entities, max_length):
    """
    文章とそれに含まれる固有表現が与えられたときに、
    符号化とラベル列の作成を行う
    """
    # 固有表現の前後で text を分割し、それぞれのラベルを付けておく
    splitted = [] # 分割後の文字列を追加していく
    position = 0
    for entity in entities:
      start = entity['span'][0]
      end = entity['span'][1]
      label = entity['type_id']
      splitted.append({'text':text[position:start], 'label':0})
      splitted.append({'text':text[start:end], 'label':label})
      position = end
    splitted.append({'text': text[position:], 'label':0})
```

```
    splitted = [ s for s in splitted if s['text'] ]

    # 分割されたそれぞれの文章をトークン化し、ラベルを付ける
    tokens = [] # トークンを追加していく
    labels = [] # ラベルを追加していく
    for s in splitted:
      tokens_splitted = self.tokenize(s['text'])
      label = s['label']
      if label > 0: # 固有表現
        # まずトークン全てに I-タグを付与
        labels_splitted = \
          [ label + self.num_entity_type ] * len(tokens_splitted)
        # 先頭のトークンを B-タグにする
        labels_splitted[0] = label
      else: # それ以外
        labels_splitted =  [0] * len(tokens_splitted)

      tokens.extend(tokens_splitted)
      labels.extend(labels_splitted)

    # 符号化を行い BERT に入力できる形式にする
    input_ids = self.convert_tokens_to_ids(tokens)
    encoding = self.prepare_for_model(
      input_ids,
      max_length=max_length,
      padding='max_length',
      truncation=True
    )

    # ラベルに特殊トークンを追加
    labels = [0] + labels[:max_length-2] + [0]
    labels = labels + [0]*( max_length - len(labels) )
    encoding['labels'] = labels

    return encoding

  def encode_plus_untagged(
    self, text, max_length=None, return_tensors=None
  ):
    """
    文章をトークン化し、それぞれのトークンの文章中の位置も特定しておく
    IO 法のトークナイザの encode_plus_untagged と同じ
    """
```

```
# 文章のトークン化を行い、
# それぞれのトークンと文章中の文字列を対応付ける
tokens = [] # トークンを追加していく
tokens_original = [] # トークンに対応する文章中の文字列を追加していく
words = self.word_tokenizer.tokenize(text) # MeCabで単語に分割
for word in words:
  # 単語をサブワードに分割
  tokens_word = self.subword_tokenizer.tokenize(word)
  tokens.extend(tokens_word)
  if tokens_word[0] == '[UNK]': # 未知語への対応
    tokens_original.append(word)
  else:
    tokens_original.extend([
      token.replace('##','') for token in tokens_word
    ])

# 各トークンの文章中での位置を調べる（空白の位置を考慮する）
position = 0
spans = [] # トークンの位置を追加していく
for token in tokens_original:
  l = len(token)
  while 1:
    if token != text[position:position+l]:
      position += 1
    else:
      spans.append([position, position+l])
      position += l
      break

# 符号化を行いBERTに入力できる形式にする
input_ids = self.convert_tokens_to_ids(tokens)
encoding = self.prepare_for_model(
  input_ids,
  max_length=max_length,
  padding='max_length' if max_length else False,
  truncation=True if max_length else False
)
sequence_length = len(encoding['input_ids'])
# 特殊トークン[CLS]に対するダミーのspanを追加
spans = [[-1, -1]] + spans[:sequence_length-2]
# 特殊トークン[SEP]、[PAD]に対するダミーのspanを追加
spans = spans + [[-1, -1]] * ( sequence_length - len(spans) )

# 必要に応じてtorch.Tensorにする
```

```
    if return_tensors == 'pt':
      encoding = { k: torch.tensor([v]) for k, v in encoding.items() }

    return encoding, spans

  @staticmethod
  def Viterbi(scores_bert, num_entity_type, penalty=10000):
    """
    Viterbi アルゴリズムで最適解を求める
    """
    m = 2*num_entity_type + 1
    penalty_matrix = np.zeros([m, m])
    for i in range(m):
      for j in range(1+num_entity_type, m):
        if not ( (i == j) or (i+num_entity_type == j) ):
          penalty_matrix[i,j] = penalty

    path = [ [i] for i in range(m) ]
    scores_path = scores_bert[0] - penalty_matrix[0,:]
    scores_bert = scores_bert[1:]

    for scores in scores_bert:
      assert len(scores) == 2*num_entity_type + 1
      score_matrix = np.array(scores_path).reshape(-1,1) \
        + np.array(scores).reshape(1,-1) \
        - penalty_matrix
      scores_path = score_matrix.max(axis=0)
      argmax = score_matrix.argmax(axis=0)
      path_new = []
      for i, idx in enumerate(argmax):
        path_new.append( path[idx] + [i] )
      path = path_new

    labels_optimal = path[np.argmax(scores_path)]
    return labels_optimal

  def convert_bert_output_to_entities(self, text, scores, spans):
    """
    文章、分類スコア、各トークンの位置から固有表現を得る
    分類スコアはサイズが（系列長、ラベル数）の2次元配列
    """
    assert len(spans) == len(scores)
```

```
    num_entity_type = self.num_entity_type

    # 特殊トークンに対応する部分を取り除く
    scores = [score for score, span in zip(scores, spans) if span[0]!=-1]
    spans = [span for span in spans if span[0]!=-1]

    # Viterbi アルゴリズムでラベルの予測値を決める
    labels = self.Viterbi(scores, num_entity_type)

    # 同じラベルが連続するトークンをまとめて、固有表現を抽出する
    entities = []
    for label, group \
      in itertools.groupby(enumerate(labels), key=lambda x: x[1]):

      group = list(group)
      start = spans[group[0][0]][0]
      end = spans[group[-1][0]][1]

      if label != 0: # 固有表現であれば
        if 1 <= label<= num_entity_type:
          # ラベルが 'B-' ならば、新しい entity を追加
          entity = {
            "name": text[start:end],
            "span": [start, end],
            "type_id": label
          }
          entities.append(entity)
        else:
          # ラベルが 'I-' ならば、直近の entity を更新
          entity['span'][1] = end
          entity['name'] = text[entity['span'][0]:entity['span'][1]]

    return entities
```

NER_tokenizer_BIO の使用法は、以下の例を参考にしてください。Wikipedia の固有表現抽出のデータセットを用いて、BIO 法による固有表現抽出のファインチューニングと性能評価を行いましょう。流れは IO 法とほぼ同じです。

```
# 8-22
# トークナイザのロード
# 固有表現のカテゴリーの数 'num_entity_type' を入力に入れる必要がある
tokenizer = NER_tokenizer_BIO.from_pretrained(
```

```
    MODEL_NAME,
    num_entity_type=8
)

# データセットの作成
max_length = 128
dataset_train_for_loader = create_dataset(
    tokenizer, dataset_train, max_length
)
dataset_val_for_loader = create_dataset(
    tokenizer, dataset_val, max_length
)

# データローダの作成
dataloader_train = DataLoader(
    dataset_train_for_loader, batch_size=32, shuffle=True
)
dataloader_val = DataLoader(dataset_val_for_loader, batch_size=256)
```

PyTorch Lightningのモデルは、IO法と同じものが使えます。ただしラベルの数は異なります。以下はファインチューニングを行い、性能の評価を行うスクリプトです。

```
# 8-23

# ファインチューニング
checkpoint = pl.callbacks.ModelCheckpoint(
    monitor='val_loss',
    mode='min',
    save_top_k=1,
    save_weights_only=True,
    dirpath='model_BIO/'
)

trainer = pl.Trainer(
    gpus=1,
    max_epochs=5,
    callbacks=[checkpoint]
)

# PyTorch Lightningのモデルのロード
num_entity_type = 8
num_labels = 2*num_entity_type+1
model = BertForTokenClassification_pl(
```

```
  MODEL_NAME, num_labels=num_labels, lr=1e-5
)

# ファインチューニング
trainer.fit(model, dataloader_train, dataloader_val)
best_model_path = checkpoint.best_model_path

# 性能評価
model = BertForTokenClassification_pl.load_from_checkpoint(
  best_model_path
)
bert_tc = model.bert_tc.cuda()

entities_list = [] # 正解の固有表現を追加していく
entities_predicted_list = [] # 抽出された固有表現を追加していく
for sample in tqdm(dataset_test):
  text = sample['text']
  encoding, spans = tokenizer.encode_plus_untagged(
    text, return_tensors='pt'
  )
  encoding = { k: v.cuda() for k, v in encoding.items() }

  with torch.no_grad():
    output = bert_tc(**encoding)
    scores = output.logits
    scores = scores[0].cpu().numpy().tolist()

  # 分類スコアを固有表現に変換する
  entities_predicted = tokenizer.convert_bert_output_to_entities(
    text, scores, spans
  )

  entities_list.append(sample['entities'])
  entities_predicted_list.append( entities_predicted )

print(evaluate_model(entities_list, entities_predicted_list))
```

```
{
    'num_entities' : 2612,
    'num_predictions' : 2642,
    'num_correct' : 2286,
    'precision' : 0.8652535957607873,
    'recall' : 0.8751914241960184,
    'f_value' : 0.8701941377997715
}
```

今回の実験では、BIO 法を使ったときの F 値は、IO 法を使ったときに比べて 1 ポイント高いという結果になりました。各カテゴリーの評価は表 8.9 にまとめられます。

表 8.9　BIO 法に基づく BERT の固有表現抽出の性能評価

カテゴリー	固有表現数	予測数	正解数	適合率	再現率	F 値
ALL	2612	2642	2286	0.87	0.88	0.87
人名	596	597	570	0.95	0.96	0.96
法人名	472	509	439	0.86	0.93	0.90
政治的組織名	233	242	194	0.80	0.83	0.82
その他の組織名	193	177	149	0.84	0.77	0.81
地名	468	458	406	0.89	0.87	0.88
施設名	190	199	160	0.80	0.84	0.82
製品名	234	233	167	0.72	0.71	0.72
イベント名	226	227	201	0.89	0.89	0.89

第 8 章のまとめ

本章では、固有表現抽出を扱い、実際にファインチューニングと性能評価を行いました。また、固有表現抽出はトークンの分類問題として扱うことができることを説明し、簡易な IO 法とより正確な BIO 法の 2 種類のタグ付け法について解説しました。アルゴリズムについても理解しておきましょう。固有表現抽出のアルゴリズムをより詳しく知りたい読者は、[1] の文献などを参考にしてください。

第 8 章の参考文献

[1]岩倉友哉、関根聡「情報抽出・固有表現抽出のための基礎知識」近代科学社、2020。

第9章

文章校正

本章では、文章中の用法を誤った単語を校正する**文章校正**を扱います。このために、前章でも用いたBERTによるトークン単位の分類のモデルを用いて、文章校正を行うためのモデルを実装します。そして、Wikipediaの日本語入力誤りデータセットを用いて、BERTのファインチューニングを行い、性能の評価を行います。

第９章の目標

- **トークン単位の分類方法を用いた文章校正の方法を理解する**
- **BERTを用いて文章校正のためのモデルを実装し、データからのファインチューニング、性能の評価を行う。**

9-1 コード・ライブラリの準備

本章のNotebookは、レポジトリにあるChapter9.ipynbのファイルです。このファイルをGoogle Drive上にアップロードしファイルを開くか、または次のURLにアクセスしてください。

- https://colab.research.google.com/github/stockmarkteam/bert-book/blob/master/Chapter9.ipynb

まず、現在のディレクトリにchap9というディレクトリを作成し、以降はそこで作業するものとします。

```
# 9-1
!mkdir chap9
%cd ./chap9
```

また、本章ではファインチューニングに時間がかかります。付録Bを参考にして、Google Driveをマウントし、Google Driveに処理結果を残しておいても構いません。

次に、本章で必要な外部ライブラリをインストールします。

```
# 9-2
!pip install transformers==4.5.0 fugashi==1.1.0 ipadic==1.0.0 py
torch-lightning==1.2.7
```

本章で用いるライブラリを読み込んでおきます。

```
# 9-3
import random
from tqdm import tqdm
import unicodedata

import pandas as pd
import torch
from torch.utils.data import DataLoader
from transformers import BertJapaneseTokenizer, BertForMaskedLM
import pytorch_lightning as pl

# 日本語の事前学習済みモデル
MODEL_NAME = 'cl-tohoku/bert-base-japanese-whole-word-masking'
```

9-2　文章校正とは

一般的に、**文章校正**はさまざまなタイプの間違いの校正を対象としていますが、本章では入力時における漢字の誤変換を校正するタスクを扱います。漢字の誤変換とは、以下のようにパソコンやスマホで漢字の読みを入力し、変換候補から漢字を選択する際に、誤って他の意味の漢字を選択してしまうことです。

誤：優勝トロフィーを変換した。
正：優勝トロフィーを返還した。

このような誤変換を含む文章が与えられたときに、誤変換された漢字を特定し、それを正しい漢字に直すのがタスクの内容です。上の例だと、誤変換の「変換」を正しく「返還」に修正できれば正解です。

9-3　BERTによる文章校正

本章では、文章校正をBERTで実装するために、文章校正のタスクをトークン単位の分類問題として考えます。たとえば、表9.1は誤変換を含む文（左列）と正しい文（右列）をそれぞれトークン化し並べたものです。もし、誤変換を含む文章をBERTに入力し、正しいトークンに対しては同じトークンを出力し、誤りのあるトークン（ここでは「変換」）に対しては正しいトークン（ここでは「返還」）を出力することができれば、正しく文章校正を行うことができます。このような方法は、入力されたそれぞれのトークンに対して、BERTの語彙（今回は32,000語）のなかから、あるべき単語を選ぶ分類問題として実装できます。

表 9.1　トークン列の例①

誤変換を含む文	正しい文
優勝	優勝
トロフィー	トロフィー
を	を
変換	返還
し	し
た	た
。	。

ただし、この方法だと扱うことができないパターンも存在します。たとえば、次のような文章を考えてみましょう。

誤：投書は、実行を想定していなかった
正：当初は、実行を想定していなかった

ここでは「投書」は誤変換で、これを正しくは「当初」です。それぞれをトークン化すると、表 9.2 のようになります。BERT のトークナイザは「投書」をサブワードに分割して、「投」と「## 書」の 2 トークンにする一方、「当初」は 1 トークンでありトークン数が異なってしまいます。その結果として、対応するトークン同士が一つずつずれてしまい、上で説明したような方法で文章校正を行うのは難しくなります。

このような、トークン化したときに誤変換を含む文章と正しい文章でトークン同士の対応関係がつかない例は、実際に一定数存在しています。BERT でこれらのパターンに対応しようとすると、手法が複雑になってしまうため、今回はトークン化したときに、表 9.1 のように誤変換の単語と正しい単語の対応関係がつくもののみ扱うこととします。

表9.2 トークン列の例②

誤変換を含む文	正しい文
投	当初
##書	は
は	、
、	実行
実行	を
を	想定
想定	し
…	…

1 トークナイザ

本項では、BERTを文章校正で実装するにあたって必要な、下の三つの関数を実装します。ただし、それぞれの関数の中身はやや煩雑なので、それぞれをどのように使うか理解すれば十分です。

- 誤変換した文章と正しい文章が与えられたときに、それぞれの文章を符号化し、モデルに入力できる形式にする関数［学習］
- 誤変換した文章を符号化するとともに、各トークンの文章中での位置を特定する関数［推論］
- BERTが出力したトークン列が与えられたときに、空白を考慮して、それを文章として出力する関数［推論］

これらの関数は、以下のようなクラスとして実装されます。

```
# 9-4
class SC_tokenizer(BertJapaneseTokenizer):

  def encode_plus_tagged(
    self, wrong_text, correct_text, max_length=128
  ):
    """
    ファインチューニング時に使用
```

```
    誤変換を含む文章と正しい文章を入力とし、
    符号化を行いBERTに入力できる形式にする
    """
    # 誤変換した文章をトークン化し、符号化
    encoding = self(
      wrong_text,
      max_length=max_length,
      padding='max_length',
      truncation=True
    )
    # 正しい文章をトークン化し、符号化
    encoding_correct = self(
      correct_text,
      max_length=max_length,
      padding='max_length',
      truncation=True
    )
    # 正しい文章の符号をラベルとする
    encoding['labels'] = encoding_correct['input_ids']

    return encoding

  def encode_plus_untagged(
    self, text, max_length=None, return_tensors=None
  ):
    """
    文章を符号化し、それぞれのトークンの文章中の位置も特定しておく
    """
    # 文章のトークン化を行い、
    # それぞれのトークンと文章中の文字列を対応付ける
    tokens = [] # トークンを追加していく
    tokens_original = [] # トークンに対応する文章中の文字列を追加していく
    words = self.word_tokenizer.tokenize(text) # MeCabで単語に分割
    for word in words:
      # 単語をサブワードに分割
      tokens_word = self.subword_tokenizer.tokenize(word)
      tokens.extend(tokens_word)
      if tokens_word[0] == '[UNK]': # 未知語への対応
        tokens_original.append(word)
      else:
        tokens_original.extend([
          token.replace('##','') for token in tokens_word
        ])
```

```
    # 各トークンの文章中での位置を調べる（空白の位置を考慮する）
    position = 0
    spans = [] # トークンの位置を追加していく
    for token in tokens_original:
        l = len(token)
        while 1:
            if token != text[position:position+l]:
                position += 1
            else:
                spans.append([position, position+l])
                position += l
                break

    # 符号化を行いBERTに入力できる形式にする
    input_ids = self.convert_tokens_to_ids(tokens)
    encoding = self.prepare_for_model(
        input_ids,
        max_length=max_length,
        padding='max_length' if max_length else False,
        truncation=True if max_length else False
    )
    sequence_length = len(encoding['input_ids'])
    # 特殊トークン[CLS]に対するダミーのspanを追加
    spans = [[-1, -1]] + spans[:sequence_length-2]
    # 特殊トークン[SEP]、[PAD]に対するダミーのspanを追加
    spans = spans + [[-1, -1]] * ( sequence_length - len(spans) )

    # 必要に応じてtorch.Tensorにする
    if return_tensors == 'pt':
        encoding = { k: torch.tensor([v]) for k, v in encoding.items() }

    return encoding, spans

def convert_bert_output_to_text(self, text, labels, spans):
    """
    推論時に使用
    文章と、各トークンのラベルの予測値、文章中での位置を入力とする
    そこから、BERTによって予測された文章に変換
    """
    assert len(spans) == len(labels)

    # labels, spansから特殊トークンに対応する部分を取り除く
    labels = [label for label, span in zip(labels, spans) if span[0]!=-1]
```

```
    spans = [span for span in spans if span[0]!=-1]

    # BERT が予測した文章を作成
    predicted_text = ''
    position = 0
    for label, span in zip(labels, spans):
      start, end = span
      if position != start: # 空白の処理
        predicted_text += text[position:start]
      predicted_token = self.convert_ids_to_tokens(label)
      predicted_token = predicted_token.replace('##', '')
      predicted_token = unicodedata.normalize(
        'NFKC', predicted_token
      )
      predicted_text += predicted_token
      position = end

    return predicted_text
```

このクラスは BertJapaneseTokenizer を継承しており、下のコードでインスタンス化できます。

```
# 9-5
tokenizer = SC_tokenizer.from_pretrained(MODEL_NAME)
```

まず一つめの関数についてです。学習時には、誤変換した文章と正しい文章が与えられ、誤変換した文章を符号化するとともに、正しい文章を符号化したものをラベルとして付与します。

```
# 9-6
wrong_text = '優勝トロフィーを変換した'
correct_text = '優勝トロフィーを返還した'
encoding = tokenizer.encode_plus_tagged(
  wrong_text, correct_text, max_length=12
)
print(encoding)
```

```
{
    'input_ids' : [2, 759, 18204, 11, 4618, 15, 10, 3, 0, 0, 0, 0],
    'token_type_ids' : [0, 0, 0, 0, 0, 0, 0, 0, 0, 0, 0, 0],
    'attention_mask' : [1, 1, 1, 1, 1, 1, 1, 1, 0, 0, 0, 0],
    'labels' : [2, 759, 18204, 11, 8274, 15, 10, 3, 0, 0, 0, 0]
}
```

出力encodingには、誤変換を含む文章を符号化して得られるinput_ids、token_type_ids、attention_maskの他に、正しい文章を符号化したlabelsが含まれています。

次に、二つめの関数についてです。これは第8章で説明したencode_plus_untaggedと同様のものです。文章を符号化し、空白や未知語を考慮して、文章中でのそれぞれのトークンの位置も返します。

```
# 9-7
wrong_text = '優勝トロフィーを変換した'
encoding, spans = tokenizer.encode_plus_untagged(
  wrong_text, return_tensors='pt'
)
print('# encoding')
print(encoding)
print('# spans')
print(spans)
```

```
# encoding
{
    'input_ids': tensor([[2, 759, 18204, 11, 4618, 15, 10, 3]]),
    'token_type_ids': tensor([[0, 0, 0, 0, 0, 0, 0, 0]]),
    'attention_mask': tensor([[1, 1, 1, 1, 1, 1, 1, 1]])
}
# spans
[[-1, -1], [0, 2], [2, 7], [7, 8], [8, 10], [10, 11], [11, 12], [-1, -1]]
```

最後に、BERTで予測されたラベル列を文章に変換する関数、convert_bert_output_to_textです。この関数は、入力文章とBERTが出力したラベル列と各トークンの文章中の位置から、予測した文章を出力します。ここでは、上の文に対して正しいラベル列を付与した例で、関数を試してみましょう。

```
# 9-8
predicted_labels = [2, 759, 18204, 11, 8274, 15, 10, 3]
predicted_text = tokenizer.convert_bert_output_to_text(
  wrong_text, predicted_labels, spans
)
print(predicted_text)
```

```
優勝トロフィーを返還した
```

ラベル列から文章が正しく出力できていることがわかります。

2 BERTでの実装

本章では、文章校正のタスクを、与えられた文章をトークン化し、それぞれのトークンのラベルを予測する分類問題として扱います。第8章の固有表現抽出で解説したように、Transformersでは、各トークンのラベルの予測を行うためのクラスBertForTokenClassificationが提供されているので、これを用いて文章校正を実装することも可能です。しかしながら、ここでは第5章のテキストの穴埋めで扱ったBertForMaskedLMを用います。BertForMaskedLMは各トークンに対して、その位置に入るトークンを語彙のなかから選ぶので、これはBertForTokenClassificationでラベル数(num_labels)を語彙数としたものと入出力関係は同じです。実際に、BertForMaskedLMはBertForTokenClassificationと同様の方法でファインチューニングや推論を行えます。

BertForMaskedLMを使うメリットは、以下のように考えられます。BertForMaskedLMは事前学習で、ランダムに選ばれたトークンを、[MASK] もしくはランダムなトークンに置き換えるか、そのままにしておいて元々そのトークンがなにであったかを予測するように学習が行われます（第3章参照)。これは私たちが行おうとしている、文章校正のタスクと類似しています。そのため、分類器のパラメータの初期値として事前学習により得られたものを用いるBertForMaskedLMのほうが、分類器のパラメータの初期値にランダムな値が割り振られるBertForTokenClassificationと比べて、最初からある程度妥当なパラメータ値を備えていることが期待されます。そして、それゆえにファインチューニングの学習時間が短くて済むことが考えられます。

まず、モデルBertForMaskedLMをロードしましょう。

```
# 9-9
bert_mlm = BertForMaskedLM.from_pretrained(MODEL_NAME)
bert_mlm = bert_mlm.cuda()
```

第8章で解説したBertForTokenClassificationと同様に、BertForMaskedLMにも次の二つの使い方があります。

- 推論時に、符号化した文章を入力として、トークンごとのラベルの分類スコアを出力する。
- 学習時に、符号化した文章とトークンごとのラベルを入力として、損失の値を出力する。

たとえば、表9.3のような誤変換した文章と正しい文章のデータセットを考えてみましょう。

まず、一つめの使い方ですが、推論時には符号化した文章をBERTに入力し、トークン単位で、それぞれのラベルの分類スコアを出力として得ます。入出力関係は、図5.1または図8.1でラベルの数を語彙数にしたものと同じです。そして、語彙のなかで分類スコアが最も高いトークンをそれぞれのトークンに対する予測値とします。

表9.3 誤変換とラベル（正しい文章）のデータセット

誤変換した文章	正しい文章
優勝トロフィーを変換した。	優勝トロフィーを返還した。
人と森は強制している。	人と森は共生している。
漫画の新館がでている。	漫画の新刊がでている。

文章の符号化から予測された文章の出力までの一連の流れは、以下のようなコードで実行できます。

```
# 9-10
text = '優勝トロフィーを変換した。'

# 符号化とともに各トークンの文章中の位置を計算しておく
encoding, spans = tokenizer.encode_plus_untagged(
  text, return_tensors='pt'
)
encoding = { k: v.cuda() for k, v in encoding.items() }

# BERTに入力し、トークンごとにスコアの最も高いトークンのIDを予測値とする
with torch.no_grad():
  output = bert_mlm(**encoding)
  scores = output.logits
  labels_predicted = scores[0].argmax(-1).cpu().numpy().tolist()

# ラベル列を文章に変換
predict_text = tokenizer.convert_bert_output_to_text(
  text, labels_predicted, spans
)
```

二つめの学習時には、誤変換した文章を符号化したものと、正しい文章を符号化しラベル列としたものをBERTに入力して、損失を計算します。前項で解説した関数`encode_plus_tagged`を用いることで、ラベル列を含んだ形の入力を作ることができます。

データの符号化から損失の計算までは、以下のコードで実行できます。

```
# 9-11
data = [
  {
    'wrong_text': '優勝トロフィーを変換した。',
    'correct_text': '優勝トロフィーを返還した。',
```

```
    },
    {
        'wrong_text': '人と森は強制している。',
        'correct_text': '人と森は共生している。',
    }
]

# 各データを符号化し、データローダへ入力できるようにする
max_length=32
dataset_for_loader = []
for sample in data:
    wrong_text = sample['wrong_text']
    correct_text = sample['correct_text']
    encoding = tokenizer.encode_plus_tagged(
        wrong_text, correct_text, max_length=max_length
    )
    encoding = { k: torch.tensor(v) for k, v in encoding.items() }
    dataset_for_loader.append(encoding)

# データローダを作成
dataloader = DataLoader(dataset_for_loader, batch_size=2)

# ミニバッチをBERTへ入力し、損失を計算
for batch in dataloader:
    encoding = { k: v.cuda() for k, v in batch.items() }
    output = bert_mlm(**encoding)
    loss = output.loss # 損失
```

9-4　データセット：日本語Wikipedia入力誤りデータセット

本章では、京都大学黒橋・褚・村脇研究室により公開されている「日本語Wikipedia入力誤りデータセット」を用います。このデータセットは、Wikipediaの版間で文単位の差分をとり、それらをフィルタリングすることで、入力誤りとその修正文ペアを抽出しています。また、データセットには4種類の入力誤りデータ、誤字・脱字・衍字・漢字誤変換が含まれており、今回は漢字誤変換のみのデータを使います。データセットの詳細は以下のページに記述されています。

- https://nlp.ist.i.kyoto-u.ac.jp/?日本語Wikipedia入力誤りデータセット

まず、データをダウンロードして、解凍しましょう。

```
# 9-12
!curl -L "https://nlp.ist.i.kyoto-u.ac.jp/DLcounter/lime.cgi?down=https://nlp.ist.i.kyoto-u.ac.jp/nl-resource/JWTD/jwtd.tar.gz&name=JWTD.tar.gz" -o JWTD.tar.gz
!tar zxvf JWTD.tar.gz
```

データの解凍が完了すると、新たに jwtd という以下のようなディレクトリが作成されます。データセットはそのなかの学習データの train. jsonl とテストデータの test. jsonl というファイルです。なお、学習データと違い、テストデータはクラウドソーシングの評価結果でフィルタリングをしているので、よりノイズが小さいデータセットとなっているようです。

データは以下のような jsonl 形式で、1 行ごとに一つのデータに対応しています。


```
{"category":"kanji-conversion", "page":"366", "pre_rev":"72387", "post_rev":"77423", "pre_loss":122.24, "post_loss":120.72, "pre_text":"信長の死後、豊臣秀吉が実権を握ると、前田利家は加賀も領して、金沢に入場した。", "post_text":"信長の死後、豊臣秀吉が実権を握ると、前田利家は加賀も領して、金沢に入城した。", "diffs":[{"pre":"入場", "post":"入城"}]}
```


それぞれの項目の意味は、表 9.4 のようになっています。

表 9.4　日本語 Wikipedia 入力誤りデータセット内の項目

項目	説明
category	入力誤りの種類（substitution は誤字、deletion は脱字、insertion は衍字、kanji-conversion は漢字誤変換）
page	Wikipedia の記事ページ ID
pre_rev	修正前の Wikipedia の修正版 ID
post_rev	修正後の Wikipedia の修正版 ID
pre_loss	修正前の文を文字単位 LSTM 言語モデルに入力したときの合計損失値
post_loss	修正後の文を文字単位 LSTM 言語モデルに入力したときの合計損失値
pre_text	修正前の文
post_text	修正後の文
diffs	pre_text と post_text の形態素単位の差分

本章では漢字誤変換のデータのみを扱うので、categoryがkanji-conversionとなっているデータ（行）のみを利用します。

まずデータを読み込み、以下の処理を行い、そのあとにデータセットを学習／検証／テスト用に分割しておきましょう。

- categoryがkanji-conversionのもののみを抽出する。
- pre_textをwrong_textへ、post_textをcorrect_textへ修正する。
- wrong_textとcorrect_textを正規化する。
- wrong_textとcorrect_textでトークンの対応関係がつくもののみを抽出する（今回は、wrong_textとcorrect_textでトークン数が同じ、かつ異なるトークンが2個以内のデータのみを抽出）。

```
# 9-13
def create_dataset(data_df):

    tokenizer = SC_tokenizer.from_pretrained(MODEL_NAME)

    def check_token_count(row):
        """
        誤変換の文章と正しい文章でトークンに対応が付くかどうかを判定
        (条件は上の文章を参照)
        """
        wrong_text_tokens = tokenizer.tokenize(row['wrong_text'])
        correct_text_tokens = tokenizer.tokenize(row['correct_text'])
        if len(wrong_text_tokens) != len(correct_text_tokens):
            return False

        diff_count = 0
        threthold_count = 2
        for wrong_text_token, correct_text_token \
            in zip(wrong_text_tokens, correct_text_tokens):

            if wrong_text_token != correct_text_token:
                diff_count += 1
                if diff_count > threthold_count:
                    return False
        return True

    def normalize(text):
        """
        文字列の正規化
```

```
    """
    text = text.strip()
    text = unicodedata.normalize('NFKC', text)
    return text

  # 漢字の誤変換のデータのみを抜き出す
  category_type = 'kanji-conversion'
  data_df.query('category == @category_type', inplace=True)
  data_df.rename(
    columns={'pre_text': 'wrong_text', 'post_text': 'correct_text'},
    inplace=True
  )

  # 誤変換と正しい文章をそれぞれ正規化し、
  # それらの間でトークン列に対応が付くもののみを抜き出す
  data_df['wrong_text'] = data_df['wrong_text'].map(normalize)
  data_df['correct_text'] = data_df['correct_text'].map(normalize)
  kanji_conversion_num = len(data_df)
  data_df = data_df[data_df.apply(check_token_count, axis=1)]
  same_tokens_count_num = len(data_df)
  print(
    f'- 漢字誤変換の総数：{kanji_conversion_num}',
    f'- トークンの対応関係の付く文章の総数: {same_tokens_count_num}',
    f'  (全体の{same_tokens_count_num/kanji_conversion_num*100:.0f}
%)',
    sep = '\n'
  )
  return data_df[['wrong_text', 'correct_text']].to_dict(orient='re
cords')

# データのロード
train_df = pd.read_json(
  './jwtd/train.jsonl', orient='records', lines=True
)
test_df = pd.read_json(
  './jwtd/test.jsonl', orient='records', lines=True
)

# 学習用と検証用データ
print('学習と検証用のデータセット：')
dataset = create_dataset(train_df)
random.shuffle(dataset)
n = len(dataset)
```

```
n_train = int(n*0.8)
dataset_train = dataset[:n_train]
dataset_val = dataset[n_train:]

# テストデータ
print('テスト用のデータセット：')
dataset_test = create_dataset(test_df)
```

```
学習と検証用のデータセット：
-漢字誤変換の総数：235490
-トークンの対応関係の付く文章の総数：171708
 (全体の 73%)
テスト用のデータセット：
-漢字誤変換の総数：3061
-トークンの対応関係の付く文章の総数：2252
 (全体の 74%)
```

9-5 ファインチューニング

ファインチューニングのために、学習・検証データに対するデータローダを作成します。本章で扱っているデータセットは、これまでに扱ってきたデータセットより大きく、ファインチューニングに時間がかかります。そこで、ここでは処理時間を短くするために、それぞれのデータの最初の 32 トークンのみを用いてファインチューニングを行います。

```
# 9-14
def create_dataset_for_loader(tokenizer, dataset, max_length):
  """
  データセットをデータローダに入力可能な形式にする
  """
  dataset_for_loader = []
  for sample in tqdm(dataset):
    wrong_text = sample['wrong_text']
    correct_text = sample['correct_text']
    encoding = tokenizer.encode_plus_tagged(
      wrong_text, correct_text, max_length=max_length
    )
    encoding = { k: torch.tensor(v) for k, v in encoding.items() }
    dataset_for_loader.append(encoding)
  return dataset_for_loader
```

```
tokenizer = SC_tokenizer.from_pretrained(MODEL_NAME)

# データセットの作成
max_length = 32
dataset_train_for_loader = create_dataset_for_loader(
  tokenizer, dataset_train, max_length
)
dataset_val_for_loader = create_dataset_for_loader(
  tokenizer, dataset_val, max_length
)

# データローダの作成
dataloader_train = DataLoader(
  dataset_train_for_loader, batch_size=32, shuffle=True
)
dataloader_val = DataLoader(dataset_val_for_loader, batch_size=256)
```

次に、PyTorch Lightningでファインチューニングを行います。これまでの章で扱ったのとほぼ同じようなコードでファインチューニングが可能で、以下のコードでおよそ1〜2時間程度かかります。もし短い時間で処理を終えたい場合には、エポック数を1にするなどしてください。

```
# 9-15
class BertForMaskedLM_pl(pl.LightningModule):

  def __init__(self, model_name, lr):
    super().__init__()
    self.save_hyperparameters()
    self.bert_mlm = BertForMaskedLM.from_pretrained(model_name)

  def training_step(self, batch, batch_idx):
    output = self.bert_mlm(**batch)
    loss = output.loss
    self.log('train_loss', loss)
    return loss

  def validation_step(self, batch, batch_idx):
    output = self.bert_mlm(**batch)
    val_loss = output.loss
    self.log('val_loss', val_loss)

  def configure_optimizers(self):
```

```
    return torch.optim.Adam(self.parameters(), lr=self.hparams.lr)

checkpoint = pl.callbacks.ModelCheckpoint(
  monitor='val_loss',
  mode='min',
  save_top_k=1,
  save_weights_only=True,
  dirpath='model/'
)

trainer = pl.Trainer(
  gpus=1,
  max_epochs=5,
  callbacks=[checkpoint]
)

# ファインチューニング
model = BertForMaskedLM_pl(MODEL_NAME, lr=1e-5)
trainer.fit(model, dataloader_train, dataloader_val)
best_model_path = checkpoint.best_model_path
```

9-6 文章校正の性能評価

ファインチューニングで得られたモデルに対して、いくつか適当な例を試してみましょう。

```
# 9-16
def predict(text, tokenizer, bert_mlm):
  """
  文章を入力として受け、BERT が予測した文章を出力
  """
  # 符号化
  encoding, spans = tokenizer.encode_plus_untagged(
    text, return_tensors='pt'
  )
  encoding = { k: v.cuda() for k, v in encoding.items() }

  # ラベルの予測値の計算
  with torch.no_grad():
    output = bert_mlm(**encoding)
    scores = output.logits
```

```
    labels_predicted = scores[0].argmax(-1).cpu().numpy().tolist()

  # ラベル列を文章に変換
  predict_text = tokenizer.convert_bert_output_to_text(
    text, labels_predicted, spans
  )

  return predict_text

# いくつかの例に対して BERT による文章校正を行ってみる
text_list = [
  'ユーザーの試行に合わせた楽曲を配信する。',
  'メールに明日の会議の史料を添付した。',
  '乳酸菌で牛乳を発行するとヨーグルトができる。',
  '突然、子供が帰省を発した。'
]

# トークナイザ、ファインチューニング済みのモデルのロード
tokenizer = SC_tokenizer.from_pretrained(MODEL_NAME)
model = BertForMaskedLM_pl.load_from_checkpoint(best_model_path)
bert_mlm = model.bert_mlm.cuda()

for text in text_list:
  predict_text = predict(text, tokenizer, bert_mlm) # BERT による予測
  print('---')
  print(f'入力：{text}')
  print(f'出力：{predict_text}')
```

```
---
入力：ユーザーの試行に合わせた楽曲を配信する。
出力：ユーザーの嗜好に合わせた楽曲を配信する。
---
入力：メールに明日の会議の史料を添付した。
出力：メールに明日の会議の資料を添付した。
---
入力：乳酸菌で牛乳を発行するとヨーグルトができる。
出力：乳酸菌で牛乳を発酵するとヨーグルトができる。
---
入力：突然、子供が帰省を発した。
出力：突然、子供が帰省を発した。
```

最初の三つの例では、BERTは誤変換を正しく修正することができましたが、最後の例ではうまくいきませんでした（「帰省」を「奇声」に修正できていれば正解）。BERTである程度は文章校正ができることが期待できそうです。

次に、テストデータで評価します。ここでは、予測した文章が正しい文章と完全に一致したときに、文章校正が正しく行われたと判定します。そして、BERTが正解することができたデータの割合を調べます。

```
# 9-17
# BERTで予測を行い、正解数を数える
correct_num = 0
for sample in tqdm(dataset_test):
  wrong_text = sample['wrong_text']
  correct_text = sample['correct_text']
  predict_text = predict(wrong_text, tokenizer, bert_mlm) # BERT予測

  if correct_text == predict_text: # 正解の場合
    correct_num += 1

print(f'Accuracy: {correct_num/len(dataset_test):.2f}')
```

```
Accuracy : 0.76
```

76%の精度が得られることがわかりました。

上では「誤変換の漢字を特定し、それを正しい漢字に修正できて初めて正解」としましたが、誤変換の漢字を特定できるだけでも、一定の応用上の意味はあると考えられます。そこで、どの程度の割合のデータで誤変換の漢字を正しく特定できていたかも評価します。

```
# 9-18
correct_position_num = 0 # 正しく誤変換の漢字を特定できたデータの数
for sample in tqdm(dataset_test):
  wrong_text = sample['wrong_text']
  correct_text = sample['correct_text']

  # 符号化
  encoding = tokenizer(wrong_text)
  wrong_input_ids = encoding['input_ids'] # 誤変換の文の符合列
  encoding = {k: torch.tensor([v]).cuda() for k,v in encoding.items()}
  correct_encoding = tokenizer(correct_text)
  correct_input_ids = correct_encoding['input_ids'] # 正しい文の符合列

  # 文章を予測
```

```
    with torch.no_grad():
      output = bert_mlm(**encoding)
      scores = output.logits
      # 予測された文章のトークンの ID
      predict_input_ids = scores[0].argmax(-1).cpu().numpy().tolist()

    # 特殊トークンを取り除く
    wrong_input_ids = wrong_input_ids[1:-1]
    correct_input_ids =  correct_input_ids[1:-1]
    predict_input_ids =  predict_input_ids[1:-1]

    # 誤変換した漢字を特定できているかを判定
    # 符合列を比較する
    detect_flag = True
    for wrong_token, correct_token, predict_token \
      in zip(wrong_input_ids, correct_input_ids, predict_input_ids):

      if wrong_token == correct_token: # 正しいトークン
        # 正しいトークンなのに誤って別のトークンに変換している場合
        if wrong_token != predict_token:
          detect_flag = False
          break
      else: # 誤変換のトークン
        # 誤変換のトークンなのに、そのままにしている場合
        if wrong_token == predict_token:
          detect_flag = False
          break

    if detect_flag: # 誤変換の漢字の位置を正しく特定できた場合
      correct_position_num += 1

print(f'Accuracy: {correct_position_num/len(dataset_test):.2f}')
```

```
Accuracy : 0.83
```

誤変換された漢字の特定のみでは 83% の精度が得られることがわかりました。

・第9章のまとめ

本章では、トークン単位の分類を用いて簡単な文章校正モデルを作成し、ファインチューニング、性能評価を行いました。今回の性能評価では完全一致のみ正解としましたが、評価方法などを変更し、以下のように、人間の文章入力の支援を行うような応用も可能です。

- 入力した文章中の単語で、予測候補のトップ10に含まれていない単語を検知し、誤っている可能性のある単語を通知
- 前後の文から適切な単語を推薦

また、今回は漢字の誤変換の修正のみを扱いましたが、興味のある読者は、他のタイプの誤りに対して、どのようにしてBERTで文章校正を行えるかを考えてみるのも面白いでしょう。

第 10 章

文章ベクトルを用いた
データの可視化と
類似文章検索

BERT にトークン化された文章を入力することで、それぞれトークンに対してベクトルが出力されます。それらのトークンごとのベクトルを集約することで、文章をベクトルとして特徴付けることができます。このようなベクトルは、**文章ベクトル**と呼ばれます。

適切に学習された BERT から得られる文章ベクトルは、文章の意味をなんらかの意味で反映していると考えられます。そこで本章では、文章ベクトルを利用して文章コーパスを**可視化**する方法を紹介し、内容が似ている文章同士では文章ベクトルも似ていることを解説します。また、この性質を利用して、与えられた文章からそれと内容の似ている文章をデータベースから選択する**類似文章検索**と呼ばれるタスクについて解説します。そして livedoor ニュースコーパスを用いて、実際にデータの可視化と類似文章検索を行います。

第 10 章の目標

- **文章ベクトルの概念を理解する。**
- **文章ベクトルの可視化や類似文章検索の方法を理解する。**
- **livedoor ニュースコーパスを用いてこれらを実行する。**

10-1 コード・ライブラリの準備

本章の Notebook は、レポジトリの Chapter10.ipynb のファイルです。このファイルを Google Drive 上にアップロードしファイルを開くか、または次の URL にアクセスしてください。

- https://colab.research.google.com/github/stockmarkteam/bert-book/blob/master/Chapter10.ipynb

まず、作業用のスペースとして、現在のディレクトリに chap10 というディレクトリを作り、以後ではそこで作業を行います。

```
# 10-1
!mkdir chap10
%cd ./chap10
```

本章で必要な外部ライブラリのインストールを行います。

```
# 10-2
!pip install transformers==4.5.0 fugashi==1.1.0 ipadic==1.0.0
```

本章で必要なパッケージの読み込みも行っておきましょう。

```
# 10-3
import random
import glob
from tqdm import tqdm
import numpy as np
from sklearn.manifold import TSNE
from sklearn.decomposition import PCA
import matplotlib.pyplot as plt

import torch
from torch.utils.data import DataLoader
from transformers import BertJapaneseTokenizer, BertModel

# BERTの日本語モデル
MODEL_NAME = 'cl-tohoku/bert-base-japanese-whole-word-masking'
```

10-2 文章ベクトル

文章をベクトルとして表現したものを**文章ベクトル**と呼びます。第2章では、Word2Vecの解説で、適切に学習されたモデルから得られる単語ベクトルは、単語の意味をなんらかの意味において反映していることを説明しました。そのため、適切に学習されたモデルから得られた文章ベクトルも、文章の意味を反映していることが期待されます。

本章では、文章から文章ベクトルを生成するためにBERTを用います。これまでBERTは文章のトークン列を入力すると、それぞれのトークンに対してベクトルを出力することを解説してきました。文章ベクトルを生成するためには、各トークンに付与されたベクトルの組を集約して、単一のベクトルにする必要があります。

BERTの出力を集約して文章ベクトルを得る方法は、大きく分けて以下の二つがあります。

- BERTから出力されたベクトルのうち、トークン列の先頭の特殊トークン［CLS］に対応するベクトルを用いる。
- BERTから出力されたベクトルを平均したものを用いる。

一つめの方法は、BERTの元論文でも用いられていた方法です。最近の論文では、二つめの方法を用いることで、言語タスクでの性能が改善されるという報告があります［1］。そこで、ここでは二つめの方法を用います。興味のある読者は一つめの方法も試してみましょう。

10-3 データセット：livedoor ニュースコーパス

本章のトピックであるデータの可視化や類似文章検索について解説する前に、共通して用いるデータの準備をしておきます。本章では第 6 章でも用いた livedoor ニュースコーパスを使います。

```
# 10-4
# データのダウンロード
!wget https://www.rondhuit.com/download/ldcc-20140209.tar.gz
# ファイルの解凍
!tar -zxf ldcc-20140209.tar.gz
```

以下では、それぞれの記事のカテゴリーを 0〜8 の数字で表したラベルに変換し、それぞれの記事からその文章ベクトルを計算します。結果は行列 `sentence_vectors` とベクトル `labels` として出力し、行列 `sentence_vectors` の i 番目の行ベクトルは i 番目の記事の文書ベクトルを表し、ベクトル `labels` の i 番目の要素は i 番目の記事のラベルを表すとします。

文章ベクトルを計算するために、`BertModel` を用います（第 4 章参照）。BERT の出力を平均化することは第 7 章でも行いましたので、計算の詳細はそちらも参照ください。

```
# 10-5
# カテゴリーのリスト
category_list = [
    'dokujo-tsushin',
    'it-life-hack',
    'kaden-channel',
    'livedoor-homme',
    'movie-enter',
    'peachy',
    'smax',
    'sports-watch',
    'topic-news'
]

# トークナイザとモデルのロード
tokenizer = BertJapaneseTokenizer.from_pretrained(MODEL_NAME)
model = BertModel.from_pretrained(MODEL_NAME)
model = model.cuda()

# 各データの形式を整える
max_length = 256
```

```
sentence_vectors = [] # 文章ベクトルを追加していく
labels = [] # ラベルを追加していく
for label, category in enumerate(tqdm(category_list)):
  for file in glob.glob(f'./text/{category}/{category}*'):
    # 記事から文章を抜き出し、符号化を行う
    lines = open(file).read().splitlines()
    text = '\n'.join(lines[3:])
    encoding = tokenizer(
      text,
      max_length=max_length,
      padding='max_length',
      truncation=True,
      return_tensors='pt'
    )
    encoding = { k: v.cuda() for k, v in encoding.items() }
    attention_mask = encoding['attention_mask']

    # 文章ベクトルを計算
    # BERTの最終層の出力を平均を計算する（ただし、[PAD]は除く）
    with torch.no_grad():
      output = model(**encoding)
      last_hidden_state = output.last_hidden_state
      averaged_hidden_state = \
        (last_hidden_state*attention_mask.unsqueeze(-1)).sum(1) \
        / attention_mask.sum(1, keepdim=True)

    # 文章ベクトルとラベルを追加
    sentence_vectors.append(averaged_hidden_state[0].cpu().numpy())
    labels.append(label)

# それぞれをnumpy.ndarrayにする
sentence_vectors = np.vstack(sentence_vectors)
labels = np.array(labels)
```

10-4 文章コーパスの可視化

ここでは、記事の文章ベクトルがどのように分布しているかを**可視化**する問題を扱います。文章ベクトルは、一般的には数百次元のベクトルです。そのため、文章ベクトルがどのように分布しているのかを人間が理解するのは簡単ではありません。文章ベクトルがどのように分布しているかを直感的に理解するための方法として、高次元のベクトルを低次元の空間にマッピングする

次元圧縮がよく行われます。次元圧縮の手法として、

- 主成分分析
- t-SNE

などがあります。

　これらの手法について詳しくは解説しませんが、簡単にまとめると、**主成分分析**は、データのばらつきが大きな方向を選び、その方向にデータを線形に射影するような方法です。**t-SNE**は、高次元の空間上で距離の近い点同士は低次元の空間でも距離が近くなるように、高次元の空間上で遠い点同士は低次元の空間ではより遠くになるように配置する非線形の手法です［2］。t-SNEは、主成分分析と比べるとデータの局所的・大域的な構造をうまく捉えることができるため、近年よく使われています。

　主成分分析とt-SNEは、**scikit-learn**というライブラリで利用可能です。以下では、前節で準備したlivedoorニュースコーパスの文書ベクトルを、これらの方法で次元圧縮し可視化をします。

1 主成分分析

　まずは**主成分分析**を用います。以下のコードは、主成分分析を用いて文章ベクトルを2次元に圧縮するものです。

```
# 10-6
sentence_vectors_pca = PCA(n_components=2).fit_transform(sentence_
vectors)
print(sentence_vectors_pca.shape)
```

```
(7367,2)
```

　ここで出力の`sentence_vectors_pca`は主成分分析により2次元に圧縮されたデータで、サイズは(データ数, 圧縮後の次元数)です。次に、記事のカテゴリーごとに、主成分分析により圧縮されたデータをプロットしてみましょう。

```
# 10-7
plt.figure(figsize=(10,10))
for label in range(9):
  plt.subplot(3,3,label+1)
  index = labels == label
  plt.plot(
    sentence_vectors_pca[:,0],
    sentence_vectors_pca[:,1],
    'o',
    markersize=1,
    color=[0.7, 0.7, 0.7]
  )
  plt.plot(
    sentence_vectors_pca[index,0],
    sentence_vectors_pca[index,1],
    'o',
    markersize=2,
    color='k'
  )
  plt.title(category_list[label])
```

文章ベクトルは記事本文のみから計算されており、カテゴリーの情報は明示的には用いていません。しかしながら、同一のカテゴリーの記事はクラスターを形成している（互いに近い位置にある）ことがわかります。これは同じカテゴリーの記事は内容が近いと考えられ、「内容が近いと文章ベクトルも似ている」ということを意味します。このように、文章ベクトルはなんらかの意味で、文章の内容を反映していると考えられます。

しかしながら、主成分分析を用いた結果（図 10.1）では、カテゴリーごとの分布にオーバラップが強く見られます。そのため、この分析からは、同じような分布を持つカテゴリー同士は元々の高次元空間でも文章ベクトルが似ているのか、それとも高次元空間では分布にオーバーラップは少ないが主成分分析による次元圧縮の結果オーバーラップが発生してしまったのかはわかりません。

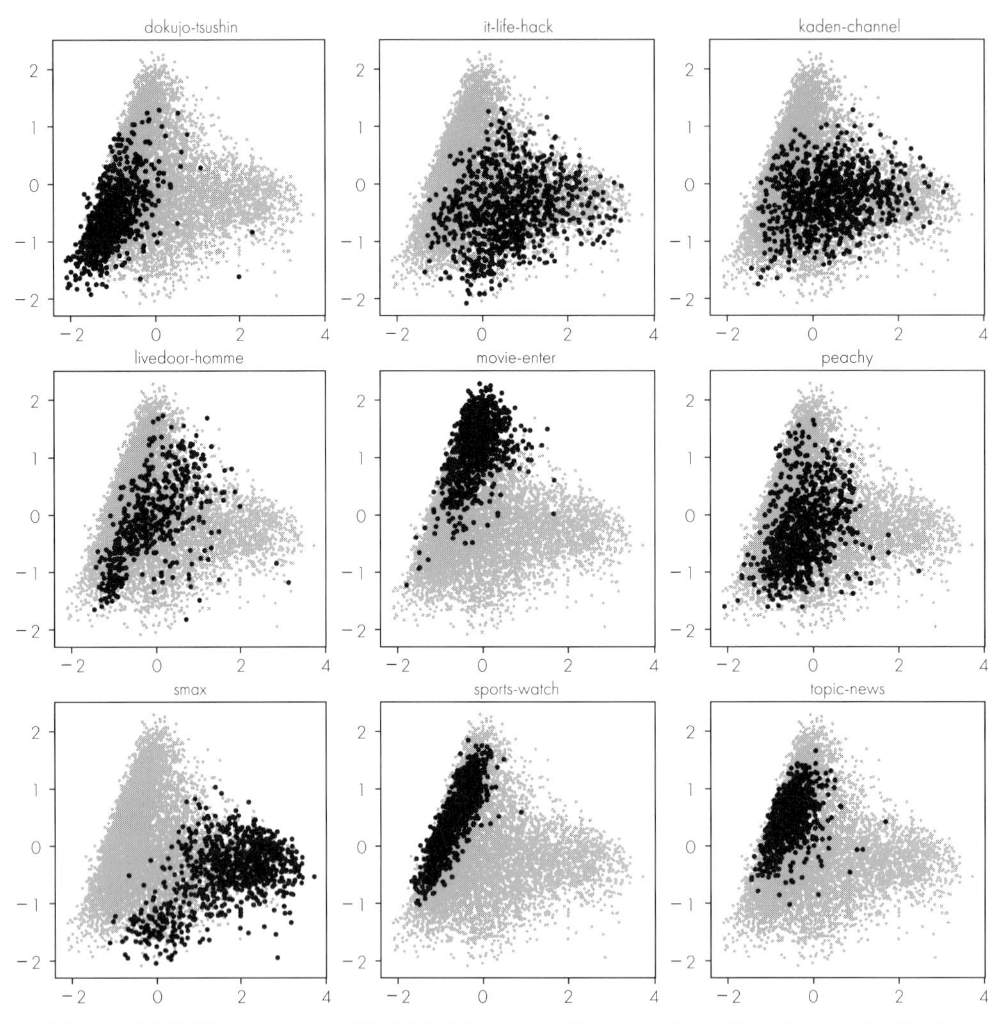

図 10.1　主成分分析により 2 次元に圧縮された文章ベクトルの分布をカテゴリーごとにプロットした（黒丸）。参考のためデータ全体を灰色の丸でプロットしている。

t-SNE

次は**t-SNE**を用います。下のコードは、t-SNEで文章ベクトルを2次元に変換するものです。出力の形式は主成分分析の出力と同じです。

```
# 10-8
sentence_vectors_tsne = TSNE(n_components=2).fit_transform(sentence_
vectors)
```

主成分分析と同様に、変換された文章ベクトルをプロットしてみましょう。

```
# 10-9
plt.figure(figsize=(10,10))
for label in range(9):
  plt.subplot(3,3,label+1)
  index = labels == label
  plt.plot(
    sentence_vectors_tsne[:,0],
    sentence_vectors_tsne[:,1],
    'o',
    markersize=1,
    color=[0.7, 0.7, 0.7]
  )
  plt.plot(
    sentence_vectors_tsne[index,0],
    sentence_vectors_tsne[index,1],
    'o',
    markersize=2,
    color='k'
  )
  plt.title(category_list[label])
```

t-SNEを用いた場合（図10.2）には、主成分分析の結果と比べると、各カテゴリーのデータはより強いクラスターを形成しています（より狭い範囲に集中している）。そして、カテゴリーごとの分布のオーバーラップも小さくなっています。たとえば「sports-watch」と「topic-news」のカテゴリーは、主成分分析を用いたときには分布が重なっていますが、t-SNEを用いたときには分布は分かれています。t-SNEは、主成分分析と比較して、よりデータの構造を捉えることができます。

このように、文章ベクトルは文章の内容を反映しているということがわかります。

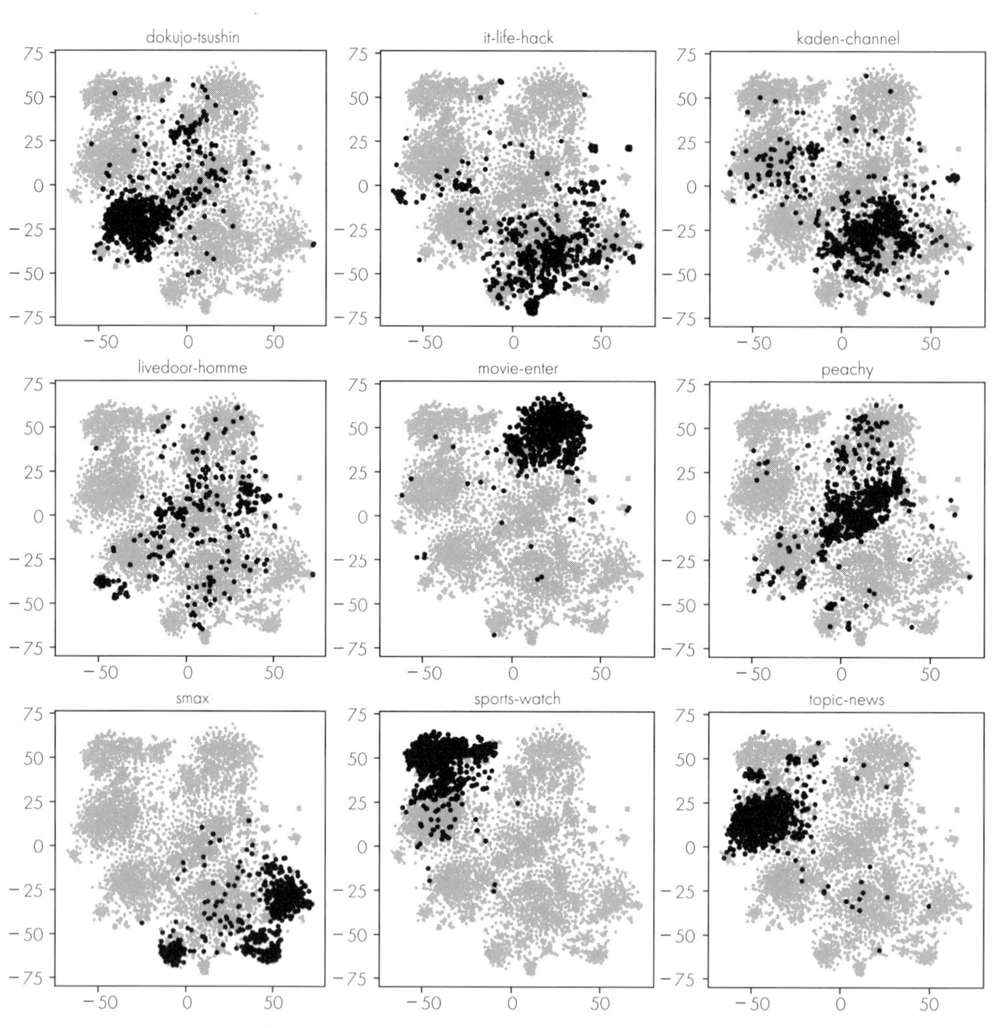

図 10.2　t-SNE を用いた結果。形式は図 10.1 と同じ。

10-5 類似文章検索

前節では、文章ベクトルの可視化を通じて、内容が似ている文章同士は文章ベクトルも似ているということを解説しました。この性質を用いて、ある文章が与えられたときに、その文章に内容が近い文章をデータベースのなかから選択する**類似文章検索**というタスクを扱います。ここでは、BERTで文章ベクトルを計算し、文章ベクトル間の類似度が高い文章を選ぶという手法を用います。

文章ベクトル間の類似度を評価する指標として、よく使われるのが**コサイン類似度**です。コサイン類似度は第2章でも解説しましたが、ベクトル $\boldsymbol{x}$ と $\boldsymbol{y}$ のコサイン類似度は、

$$\mathrm{sim}(\boldsymbol{x}, \boldsymbol{y}) = \frac{\boldsymbol{x} \cdot \boldsymbol{y}}{|\boldsymbol{x}||\boldsymbol{y}|}$$

で定義されます。

以下では、livedoorニュースコーパスを用いて類似文章検索を実際に行ってみます。ここで、記事同士の類似度は、BERTから得られる記事の文章ベクトルにコサイン類似度を適用して評価します。カテゴリーの同じ記事は内容が似ていると考えられるため、ここでは、類似文章検索を行ったときに入力となる記事と同じカテゴリーの記事が選ばれた場合、類似文章検索が「成功」したとみなします。そして、どの程度の記事に対して類似文章検索が成功したかにより、性能を評価します。これは以下のようなコードで実行することができます。

```
# 10-10
# 先にノルムを1にしておく
norm = np.linalg.norm(sentence_vectors, axis=1, keepdims=True)
sentence_vectors_normalized = sentence_vectors / norm

# 類似度行列を計算する
# 類似度行列の(i,j)要素はi番目の記事とj番目の記事の類似度を表している
sim_matrix = sentence_vectors_normalized.dot(sentence_vectors_nor
malized.T)

# 入力と同じ記事が出力されることを避けるため、
# 類似度行列の対角要素の値を小さくしておく
np.fill_diagonal(sim_matrix, -1)

# 類似度が高い記事のインデックスを得る
similar_news = sim_matrix.argmax(axis=1)
```

```
# 類似文章検索により選ばれた記事とカテゴリーが同一であった記事の割合を計算
input_news_categories = labels
output_news_categories = labels[similar_news]
num_correct = ( input_news_categories == output_news_categories ).sum
()
accuracy = num_correct / labels.shape[0]

print(f"Accuracy: {accuracy:.2f}")
```

```
Accuracy : 0.83
```

8割以上の記事で、類似文章と判定された記事とカテゴリーが同一になっており、文章ベクトルを用いることで、類似文章検索ができることがわかります。

・第10章のまとめ

本章では、文章ベクトルを用いた、文章コーパスの可視化や類似文章検索の方法について解説し、実際にlivedoorニュースコーパスを用いてこれらを行いました。

類似文章検索を行う際には、ここでは単に事前学習済みのモデルを用いて、ファインチューニングなどは行いませんでした。しかし、内容が似ている記事をラベリングしたようなデータセットがあれば、ファインチューニングを行い類似文章検索により特化したモデルを作ることも可能です[1]。

・第10章の参考文献

[1] Nils Reimers & Iryna Gurevych. "Sentence-BERT : Sentence Embeddings using Siamese BERT-Networks", EMNLP, 2019.

[2] Laurens Van der Maaten & Geoffrey Hinton. "Visualizing data using t-SNE", Journal of machine learning research, vol. 9, pp. 2579-2605, 2008.

付録A

ニューラルネットワークの学習の基礎

A-1 ミニバッチ学習

本節では、ニューラルネットワークの学習に用いられる**ミニバッチ学習**について解説します。

ここで、各データは入力 $\boldsymbol{x}_i$ とラベル y_i のペアとして構成され、全体で N 個のデータ $\boldsymbol{D}=\{(\boldsymbol{x}_1, y_1), (\boldsymbol{x}_2, y_2), \ldots, (\boldsymbol{x}_N, y_N)\}$ が与えられているとします。そして、入力 $\boldsymbol{x}_i$ が与えられたときに、そのラベル y_i を予測するという問題を考えます。本節ではこのために、未知のパラメータ $\boldsymbol{\theta}$ を持つニューラルネットワーク F_θ を用います。ニューラルネットワークの学習のゴールは、入力 $\boldsymbol{x}_i$ に対するニューラルネットワークの出力 $F_\theta(\boldsymbol{x}_i)$ が、ラベル y_i をよく予測するようにすることです。

実際に学習を行う際には、ニューラルネットワークの出力 $F_\theta(\boldsymbol{x}_i)$ とラベル y_i との近さを特徴付ける損失関数 $l(y_i, F_\theta(\boldsymbol{x}_i))$ を用います。そして、データセット全体での損失の平均値 L を最小にするようにパラメータ $\boldsymbol{\theta}$ を選びます。ニューラルネットワークを用いる場合には、損失 L を最小にするパラメータの値（最適解）を解析的に得ることはできません。そのため、損失が減少するように、パラメータの値を少しずつ更新していき、最適解を見つけるという方法を用います。

このための方法の一つとして**勾配降下法**があります。勾配降下法では、損失 L のパラメータ $\boldsymbol{\theta}$ に関する勾配 ∇L を計算し、正の小さな値 ϵ に対して、

$$\boldsymbol{\theta} \rightarrow \boldsymbol{\theta} - \epsilon \nabla L$$

に従い、パラメータを更新します。ここで ϵ は学習率と呼ばれ、パラメータを更新する大きさを表します。勾配は損失の値が最も大きく増加する方向を表しているので、その逆に少し進むことで、損失が減少することが期待できます。

しかしながら、ニューラルネットワークの学習では多くの場合に膨大な数のデータが用いられます。そのため、勾配降下法のように、パラメータを更新するたびにデータセット全体にわたって損失を計算するのは非常に手間がかかります。そこで**ミニバッチ勾配降下法**では、データセットを**ミニバッチ**と呼ばれる（データセット全体に比べると）少数のデータの塊に分割し、ミニバッチに含まれるデータに対する損失の平均値の勾配を用いてパラメータを更新します。具体的には、データセットからミニバッチを 1 個ずつ取り出しながら、それぞれのミニバッチでパラメータを 1 回更新するということを繰り返します。また、ミニバッチに含まれるデータの数を**バッチサイズ**と呼びます。

このように、データ全体からではなくミニバッチからパラメータを更新する方向を決める方法を一般に**ミニバッチ学習**と呼びます。ミニバッチ学習により、パラメータを1回更新するのにかかる計算量は大幅に削減できます。さらに、ミニバッチ学習は局所最適解（実際には最適解ではないが、周りよりも損失の値が小さく最適解に見えるパラメータ値）にトラップされにくいという長所もあります。

ミニバッチ学習では、パラメータの更新をどの程度の回数行うかを**エポック**と呼ばれる単位を用いて表現します。1エポックは、データセットからミニバッチを取り出しパラメータを更新する処理を繰り返していき、データセットのすべてのデータが1回ずつ使われることに対応します。

また、ミニバッチ勾配降下法は、各ステップで単に勾配と逆の方向へ少し進むという単純なものですが、最適解への収束が早くなるように進む方向を決める方法を高度化したアルゴリズムがいくつも提案されてきました。そのなかで、本書ではAdamと呼ばれるアルゴリズムを用います［1］。

A-2　過学習

前節で、学習データから計算される損失の平均値が最小になるように、パラメータを学習することを解説しました。しかし、実際にはこのような方法で学習したニューラルネットワークはあまり性能が良くないことが知られています。これは学習を経るに従い、ニューラルネットワークが学習データに過剰に適合してしまう**過学習**と呼ばれる現象が起こるからです。

過学習を防ぐために、以下のような方法を用います。まず学習に用いるデータセットを**学習データ**と**検証データ**に分けます。そして学習データでの損失が小さくなるようにパラメータを更新していくと同時に、定期的に検証データでの損失を評価します。そして検証データでの損失が最も小さかった時点のパラメータ値を最終的に採用します。このように、学習データでの損失ではなく、検証データでの損失を監視することにより過学習を防ぐことができます。

付録Aの参考文献

[1]Diederik P. Kingma & Jimmy Ba. “Adam : A Method for Stochastic Optimization”, ICLR, 2015.

付録 B

Colaboratory の使い方

付録Bでは、Colaboratoryの使い方について簡単に解説します。Colaboratoryを利用するにはGoogleアカウントを取得する必要があるので、事前に取得しておいてください。

B-1 Colaboratoryを開始する

Colaboratoryを開始するためには、二つの方法があります。一つめは新規のプロジェクトを開始する方法です。このために、まずはGoogle Drive（https://drive.google.com/）にアクセスします。そして左上にある「新規」のボタンを押し、「その他」、「Google Colaboratory」を選択することで、Colaboratoryの新規のプロジェクトが開始されます（図B.1）。

図B.1　新規のプロジェクトを開始する

二つめの方法は、既存のJupyter NotebookやJupyter LabのファイルからColaboratoryを開始する方法です。この方法の場合、まず、ipynbファイルをGoogle Driveにアップロードし、それをクリックして「Colaboratoryで開く」を選択すれば、Colaboratoryが開始されます。本書で用いるコードはGitHubで.ipynbファイルとして公開されているので、それをGoogle Driveにアップロードし、そこからColaboratoryを開始してもよいでしょう。また、各章で書かれているURLにアクセスすることで、直接GitHub上のNotebookをColaboratoryで開くこともできます。

B-2 GPU を使用できるようにする

続けて、設定の変更を行います。Colaboratory は、デフォルトでは CPU のみを利用するような設定になっています。本書では GPU を用いて BERT の処理を行うので、最初に GPU を使用できるようにしておきましょう。メニューの「ランタイム」から「ランタイムのタイプを変更」を選択し、そのあとの選択肢から「GPU」を選びましょう（図 B.2）。これにより、Colaboratory が再起動され、GPU が使用できるようになります。

図 B.2 ランタイムのタイプを変更する

なお、Colaboratory は、GPU を使用した長時間の計算などの、負荷の重い処理を連続して実行することは推奨していません。場合によっては一時的にサービスを利用できなくなることもあるため、使用前に以下の「よくある質問」に目を通しておくとよいでしょう。

- https://research.google.com/colaboratory/faq.html?hl=ja

B-3 コードを実行する

Colaboratoryでコードを実行するには、単にセルの中にコードを書き、セルの左側の実行ボタンを押すだけです。出力があればセルの下に表示されます（図B.3）。基本的な使い方はJupyter NotebookやJupyterLabと同じです。

図B.3　コードの実行

B-4 Google Driveのマウント

Colaboratoryでは、ファインチューニングで得られたモデルの重みのファイルなどを、Google Driveに保存しておくことが可能です。このために、まずGoogle Driveをマウントする必要があります。画面左側のフォルダのボタン（図B.4の1のボタン）を押し、次に同図2のボタンを押して出てくる指示に従うことで、マウントが行われます。

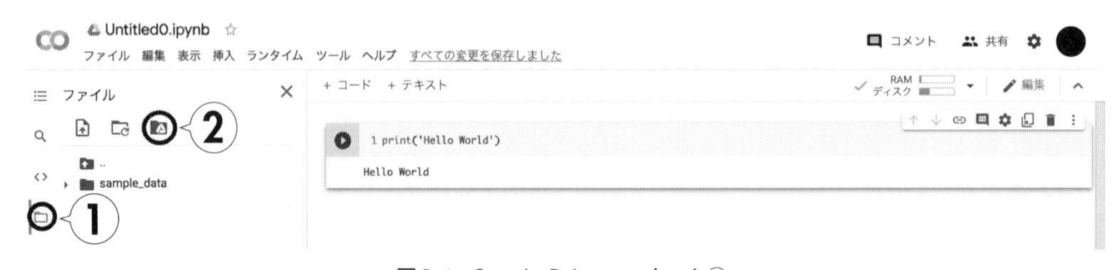

図B.4　Google Driveのマウント①

状況によっては、図B.5のようなコードが自動的に挿入され、これを実行するように求められることもあります。そのときは、リンクをクリックし、Google Driveへのアクセスを承認すると、パスコードが表示されます。それを入力フォームに入れてエンターキーを押すと、Google Driveがマウントされます。

図 B.5　Google Drive のマウント②

マウント後は、Google Drive は`/content/drive/MyDrive`に位置します。Colaboratory では、コードの文頭に「`!`」を付ければシステムコマンドを実行することができます。たとえば、カレントディレクトリにある`sample.txt`というファイルを Google Drive にある`test`というディレクトリに保存するには、以下のコードを実行してください。

```
!cp sample.txt /content/drive/MyDrive/test/
```

Index

〈編者略歴〉

ストックマーク株式会社

2016年に東大発スタートアップとして林達と有馬幸介により設立。自然言語処理を活用した企業文化変革の支援を行うSaaSサービスの開発・運営をおもな事業としている。組織内のコラボレーションを促進し、チームを活性化させるプラットフォーム「Anews」、国内外約3万メディアの膨大なビジネスニュースをAIが分類・可視化し、事業機会と活動事例の分析をサポートする「Astrategy」などのサービスを提供している。

BERTによる自然言語処理入門
―Transformersを使った実践プログラミング―

2021年6月25日　第1版第1刷発行
2022年7月10日　第1版第6刷発行

著　者　近江崇宏・金田健太郎・森長　誠・江間見亜利
編　者　ストックマーク株式会社
発行者　村上和夫
発行所　株式会社 オーム社
郵便番号　101-8460
東京都千代田区神田錦町3-1
電話　03(3233)0641(代表)
URL　https://www.ohmsha.co.jp/

印刷・製本　三美印刷
ISBN978-4-274-22726-4　Printed in Japan